冒险岛
数学奇遇记 61

巧解谜题，智擒小偷

〔韩〕宋道树／著 〔韩〕徐正银／绘 张蓓丽／译

台海出版社

北京市版权局著作合同登记号：图字 01-2023-0094

图书在版编目（CIP）数据

冒险岛数学奇遇记. 61, 巧解谜题，智擒小偷 / (韩) 宋道树著 ; (韩) 徐正银绘 ; 张蓓丽译. -- 北京 : 台海出版社, 2023.2（2023.11重印）
ISBN 978-7-5168-3445-9

Ⅰ. ①冒… Ⅱ. ①宋… ②徐… ③张… Ⅲ. ①数学－少儿读物 Ⅳ. ①O1-49

中国版本图书馆CIP数据核字（2022）第221775号

冒险岛数学奇遇记.61，巧解谜题，智擒小偷

著　　者：〔韩〕宋道树　　绘　　者：〔韩〕徐正银
译　　者：张蓓丽

出 版 人：蔡　旭　　策　　划：双螺旋童书馆
责任编辑：徐　玥　　封面设计：胡艳英
策划编辑：唐　浒　李敏意

出版发行：台海出版社
地　　址：北京市东城区景山东街20号　邮政编码：100009
电　　话：010-64041652（发行，邮购）
传　　真：010-84045799（总编室）
网　　址：www.taimeng.org.cn/thcbs/default.htm
E-mail：thcbs@126.com

经　　销：全国各地新华书店
印　　刷：固安兰星球彩色印刷有限公司
本书如有破损、缺页、装订错误，请与本社联系调换

开　　本：710毫米×960毫米　1/16
字　　数：186千字　　印　　张：10.5
版　　次：2023年2月第1版　　印　　次：2023年11月第2次印刷
书　　号：ISBN 978-7-5168-3445-9

定　　价：35.00元

前言

《冒险岛数学奇遇记》第十三辑，希望通过综合篇进一步提高创造性思维能力和数学论述能力。

不知不觉，《冒险岛数学奇遇记》已经走过了 11 个年头。这都离不开各位读者的支持，尤其是家长朋友们不断的鼓励和建议。这期间，我也明白了什么是“一句简单明了的解析、一个需要思考的问题，能改变一个学生的未来”。在此，对一直以来支持我们的读者表示衷心的感谢。

在古代，“数学”被称为“算术”。“算术”当中的“算”字除了有“计算”的意思以外，还包含有“思考应该怎么做”的意思。换句话说，它与“怎么想的”，即“在这种情况下该怎么解决呢”里面“解决（问题）”的意思是差不多的。正因如此，数学可以说是一门训练“**思维能力与方法**”的学科。

小学五年级以上的学生应该按照领域或学年对小学课程中所涉及的数学知识点进行整理归纳，然后将它们牢牢记在自己的脑海里。如果你是初中学生，就应该把它当作一个查漏补缺、巩固基础的机会，将小学、初中所学的知识点贯穿起来，进行综合性的归纳整理。

俗话说“珍珠三斗，串起来才是宝贝”，意思是再怎么名贵的珍珠只有在串成项链或手链之后才能发挥出它的作用。若是想在众多的项链中找到你想要的那条，就更应该好好收纳整理。与此类似，只有在脑海当中对数学知识和解题经验有一个系统性的整理记忆，才能游刃有余地面对各种题型的考试。即便偶尔会犯一些小错误，也能立马就改正过来。

《冒险岛数学奇遇记》综合篇从第 61 册开始，主要在**归纳整理数学知识与解题思路**。由于图形、表格比文字更加方便记忆，所以从第 61 册开始本书将**利用树形图、表格、图像**等来加强各位小读者对知识点的记忆。

好了，现在让我们一起朝着数学的终点大步前进吧！

出场人物

哆哆

前往心城进行和平协商的反抗军总司令，被反抗心城的组织所骗，从而来到血泪之星加入了选拔心城国王的国王之战。

阿鲁鲁

心城第一大名门望族的长男，在血泪之星遇见了哆哆，并在了解了哆哆的实力之后提议组队一起加入国王之战。

祖卡

从婚礼上逃跑的贵族小姐，逃婚后就立刻申请加入国王之战，在血泪之星的古代遗迹建筑里遇见了哆哆和阿鲁鲁。

前情回顾

前往心城与国王和平协商的哆哆受反抗势力欺骗，掉落在国王之战的战场——血泪之星。另一边，收到召唤的宝儿大半夜前往魔界中学见到了加藤，在得知自己的身世之后回到了家乡魔法界。然而，一心想成为魔法界皇帝的尼科王子在杀害加藤之后，还把手伸向了宝儿……

宝儿

拥有着统一魔法界成为皇帝的宿命，在加藤的带领下回到家乡魔法界后，对尼科王子一见如故。

尼科王子

魔法界猫之城的城主，一心想让神谕中提到的能够完成魔法界统一大业的宝儿消失，好取而代之成为魔法界的皇帝。

木乃伊

魔法界最厉害的杀手，受尼科王子之命前来追杀宝儿，他打算使用自己的独门武器“邪恶之星”解决掉宝儿。

无头骑士

在市乃伊之后找上宝儿的杀手，在宝儿荒诞的攻击下，不仅收获了一张怪异的脸，还受到了巨大的心理打击。

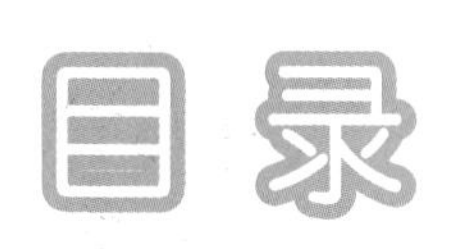

目录

181
以爱与正义的名义

锐利

咚

啊

还好被我吓呆了……
呼

那个，绷带大叔！

你那个“星星糖魔法棒”可不可以送给我呀？
!!

竟然把我最具杀伤力的武器“邪恶之星”……
气愤
气愤

叫作“蜂蜜糖魔法棒”？
不是蜂蜜糖，是星星糖……

还有，我不是绷带大叔！我是魔法界最厉害的杀手——木乃伊！
愤怒

啊？不好意思。请问高姓大名……
木乃伊！

绷带大叔木乃伊先生。

绷带大叔拿掉！
绷带大叔拿掉木乃伊先生。

您的名字可真长啊。
气晕了

即便如此，您能把这个星星糖魔法棒送给我吗？
什么即便如此？
气
气

星星糖啊……魔法棒啊……哟喂……
原来我说什么她完全不听啊。

第181章-1 判断题

十（10）个十（10）为百（100），十（10）个百（100）为千（1000）。

可以，我把我的武器给你。

那太感谢你了，绷带大叔拿掉木乃伊先生！
哇

我丢给你，你接好喽。
好的！

丢

嘿嘿

正确答案 ○（解析见第 165 页）

稳

惊

*焊接：一种以加热、高温或者高压的方式接合金属、玻璃、塑料等物质的技术。

第181章-2 选择题

在椅子有几十把、学生有几十名的情况下，想要知道椅子是多了多少，还是少了多少的最佳方法是什么？

① 先数学生的人数，再数椅子的数量。 ② 先数椅子的数量，再数学生的人数。

③ 让学生都坐在椅子上，再比较。

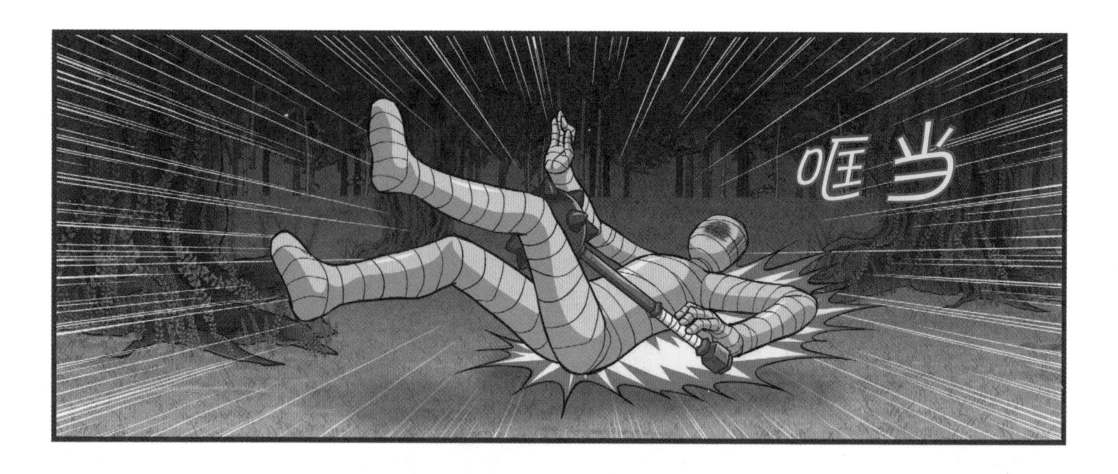

③（解析见第 165 页）

焊接起来！
怒吼

咳咳

不是这个，是尼科王子殿下命我前来解决你。行了吧？
尼科王子殿下？
这又是在突然发什么神经。

那是不可能的呀？
王子殿下明明说他很器重我来着……

这事儿是可能还是没可能……
气焰
汹汹

你去地狱想清楚吧！

我有个问题想问！
举起
不接受提问！尤其是你的提问……

我想要问的是关于大叔你的问题哦。
停住

关、关于我的问题？这还是我这辈子第一次听到有女孩子说想了解我……
脸红红

第181章-3
选择题

在1的后面加上52个0，即10^{52}，这是一个非常大的自然数。这个数的汉字名称表达了它与印度恒河里的沙子一样多的意思，请问这个数的汉字名称是哪个？

① 无量大数　② 不可思议　③ 那由他　④ 阿僧祇　⑤ 恒河沙

正确答案 ⑤（解析见第 165 页）

给你看就是了。不过你要记住，你可是第一个见到我绷带里身体的人。
太谢谢你了！

拆开

期待
期待

空

惊

奇、奇怪了。我的手怎么没了？
那您多拆点绷带看看吧。

空

怎、怎么会这样……

尴尬
我、我不看也可以，您还是把绷带围起来吧。

不行！

我一定要让你看完！
嗖嗖
嗖嗖
您不用这样的……

第181章-4
填空题

自然数有四种用途，分别是计数、测量、(　　)和标号。

排序（解析见第 165 页）

我以爱与正义的名义，请求神明保佑您，一定能找到自己真正的身体，找到身体后不要再当杀手了。
虔诚

在大叔找回身体之前，星星糖魔法棒就由我来帮忙保管吧。

果真不出我所料。这没用的木乃伊……
！

我就知道他会搞砸，
所以王子殿下才会
派我前来……
咚
咚

1 计算数目与数字的使用

领域 数与运算　　能力 概念理解能力

纵观数学的历史和数学教育课程，不难得知这样一个事实：数学内容从古代到近代一直在发展，而我们从幼儿园、小学、初中、高中课程中学到的数学知识，都只是其中摘录的一部分。

如今，小学、初中的数学课程学习可分为四大领域。如右边［表1］所示，《冒险岛数学奇遇记》系列图书将学生们需要提升培养的能力分成了六种。

［表1］领域与能力分类表

◈ 领域分类

小学	初中
数与运算	数与运算
	文字与公式
规律性	函数
图形	几何
资料与可能性	概率与统计

◈ 能力分类

创造性思维能力	沟通交流能力
问题解决能力	
理论应用能力	
数理计算能力	
概念理解能力	

在小学的数学课程当中，四大领域里“数与运算”领域的内容可以说几乎占据了一半的比重；而“概念理解能力”和“数理计算能力”又占据了“数与运算”领域的重要位置。

让我们开始归纳整理一下“数与运算”领域当中最为基础的部分吧。

很久很久以前，原始时代的人们对数目的概念并不是很清楚。一开始只知道“一”，后面又知道了“二”，但其他大于二的数目全部叫作“多”。

然后，随着时间的流逝，人们慢慢开始需要确认晚上家人们是不是都回来了，家畜是不是都归巢了。如此一来，“多”就被划分成了“三”“四”“五”等更为明确的说法，而且这些数字还拥有了各自的名称。另外，他们还用树木或石子来与家中的人口一一对应，利用这种方式记录家人的数目。

慢慢地，记录方法变得越来越多，包括在树木或骨片上刻记、在绳子上打结、在泥板上绘图、用人身体的各个部位来指代不同的数等多种方法。尤其是，利用十个手指头指代十个数字的方法，由于十分方便还演变成了“十进制”，在全世界范围内使用。直到现在，小朋友们在刚开始学习数数的时候，用的都还是手指头哦。

［表2］数字与数字的读法

数目	阿拉伯数字	名称	罗马数字
	0	零	
★	1	一 壹	I
★★	2	二 贰	II
★★★	3	三 叁	III
★★★★	4	四 肆	IV
★★★★★	5	五 伍	V
★★★★★★	6	六 陆	VI
★★★★★★★	7	七 柒	VII
★★★★★★★★	8	八 捌	VIII
★★★★★★★★★	9	九 玖	IX

就这样，掌握了数目的概念之后，人们创造出了用来表示数目的符号——数字，并开始广泛使用起来。

[表 2] 中的阿拉伯数字为全世界通用的数字，虽然它与十进制都是印度人发明的，但由于它是由阿拉伯商人传入欧洲的，大家误以为是阿拉伯人发明的，所以被称为“阿拉伯数字”。

我们在数数的时候会使用汉字词这种数量表达方式。如此一来，小朋友们在刚开始学习数数的时候就会困难一些。同样是 3，在“3 只小猫”“3 棵松树”“3 公斤牛肉”“3 人份的食物”中搭配了不同的汉字词。

另外，在表达某种事物的数量时，会在这些事物的数目后面附上特定的“量词”(单位)。例如，写在数字后面的“只”“棵”这些词。这也是小朋友们在学习计算数目时会觉得吃力的另一个原因。在英语里，可以像“three cats”或“3 cats”这样直接在名词后面加上“**s**”变成复数（cats），但是在汉语当中就必须像“3 只小猫”这样在后面加上特定量词“只”才行。

[表3] 数目计算时使用的量词（单位）例表

棵	植物（尤其是树木）的计量单位	个	单个物品的计量单位
捆	捆扎在一起的稻草、柴禾、蔬菜等的计量单位	卷	书的计量单位
只	鱼、昆虫等动物的计量单位	台	车辆、机器或乐器等的计量单位
块	豆腐等的计量单位	名	人数的计量单位
件	衣服或器皿等的计量单位	剂	汤药、药丸的计量单位
朵	花朵及花朵状物的计量单位	帖	成袋药的计量单位
支、把	细长型的笔、工具或武器的计量单位	张、块	纸张、玻璃等扁平物品的计量单位
套	房屋、被子等的计量单位	艘	船只的计量单位
匹	布帛等织物长度的计量单位	封、通	信件、文件及电话的计量单位

类似“只”“棵”“岁”“年”“月”“日”等汉字量词（单位）的前面，既可以使用汉字数量，也可以使用数字数量，在 m、kg 等用英文字母表示的单位前面使用数字数量。

[例子]　年纪八（8）岁　　两（2）本书　　五十（50）台汽车
五（5）张白纸　　五（5）米铁丝　　3.45 L 水
时刻：11 点 43 分 28 秒

182
组队完成

你、你是哪位？

你觉得我会是谁呢？

我看你没有脑袋……

嗬，没错。我就是魔法界最厉害的骑士……

“无头骑士”！
哈
哈
哈
哈

简称“头骑士”。
！

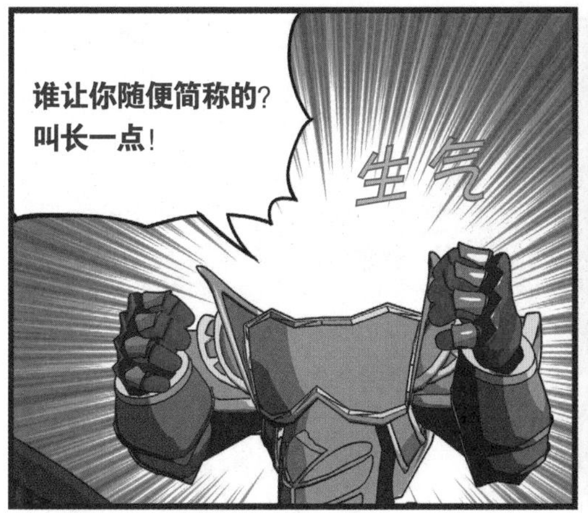
谁让你随便简称的？叫长一点！
生气

对、对不起。那我就叫长一点了。

头欧欧欧欧骑咦咦咦士日日日……
气晕了

还要再叫长
一点吗？
行了，
不用了！

我得赶紧把你
解决掉才行！
拔

靠近
靠近
蹲

写写
画画

你在干吗呢？
莫非在写遗书？

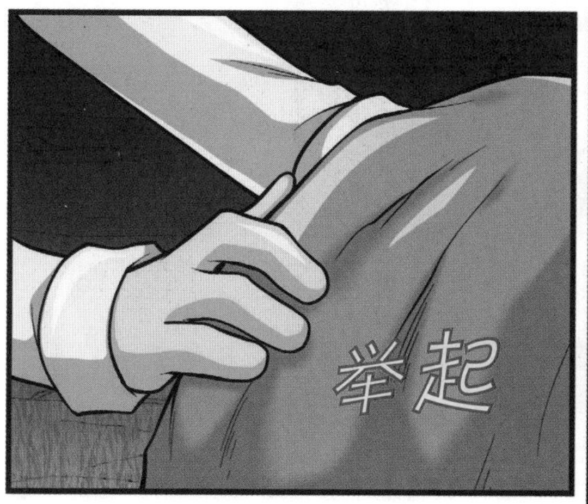

第182章-1
判断题

“三支铅笔”中的量词是“支”。

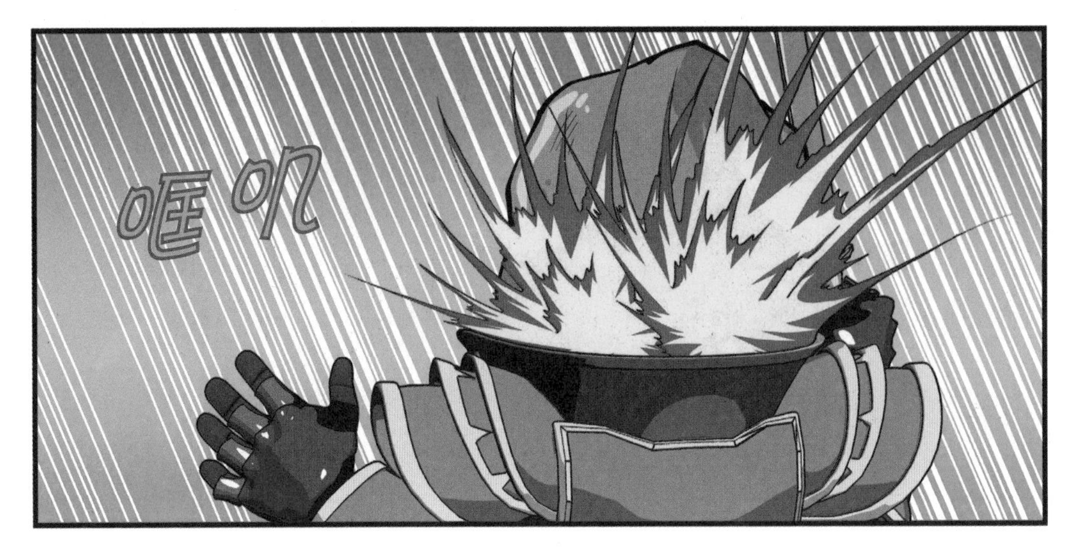

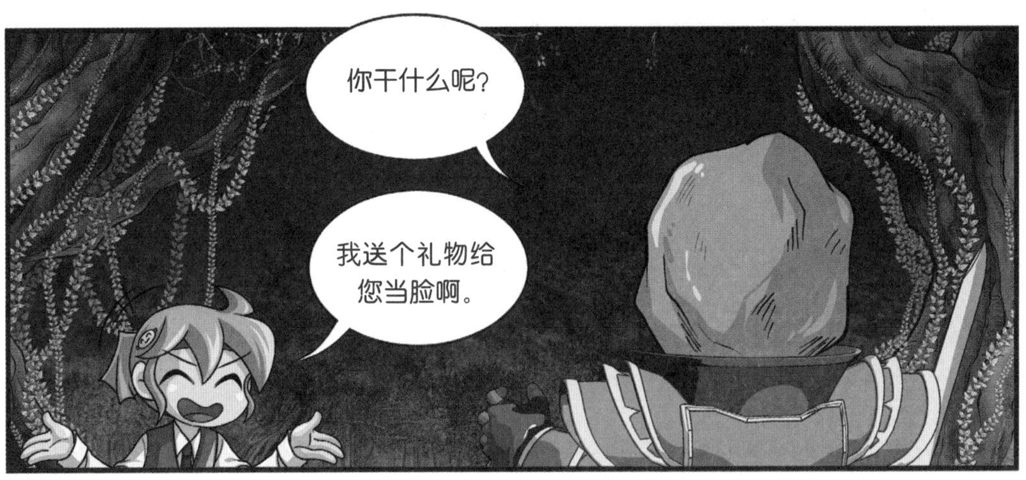

你干什么呢?
我送个礼物给您当脸啊。

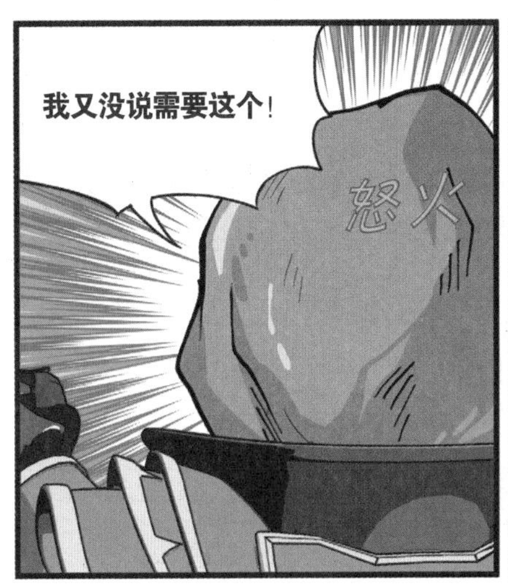

我又没说需要这个!
怒火

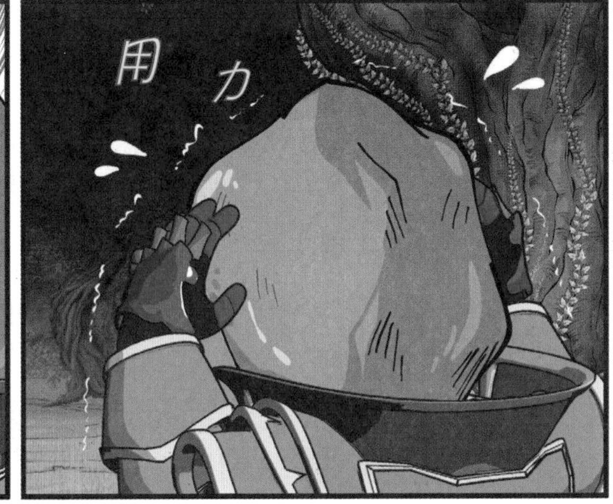

正确答案 ○ (解析见第 165 页)

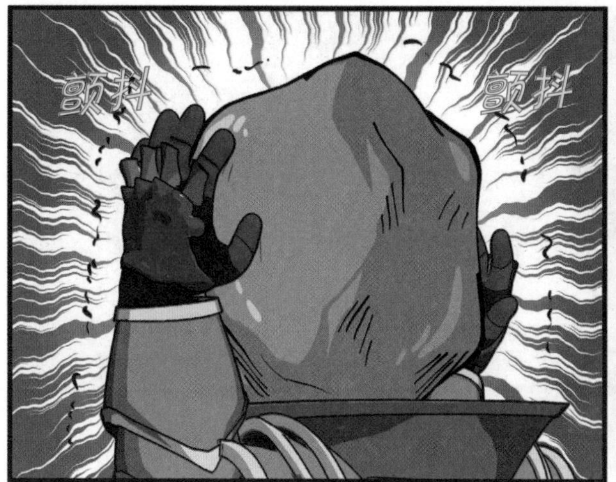
颤抖
颤抖

看来卡得很紧哦。挺适合您的，就不要取下来了。

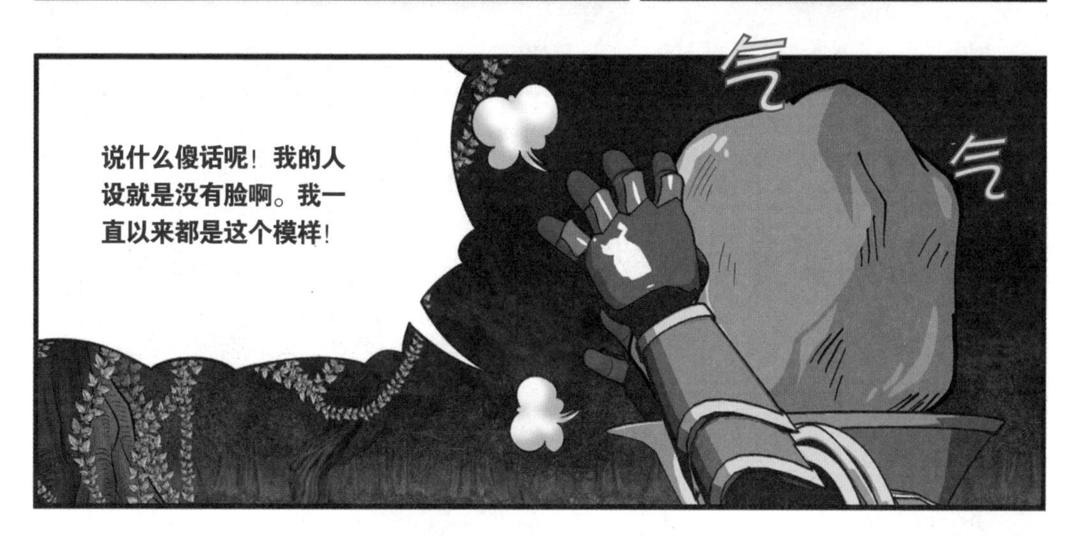
说什么傻话呢！我的人设就是没有脸啊。我一直以来都是这个模样！
气
气

您别忙着生气，先照照镜子吧。也许很合您的心意呢？
伸

我倒要看看这张脸长什么样……

咚

全身
发抖

用力

使劲
拿不下来……

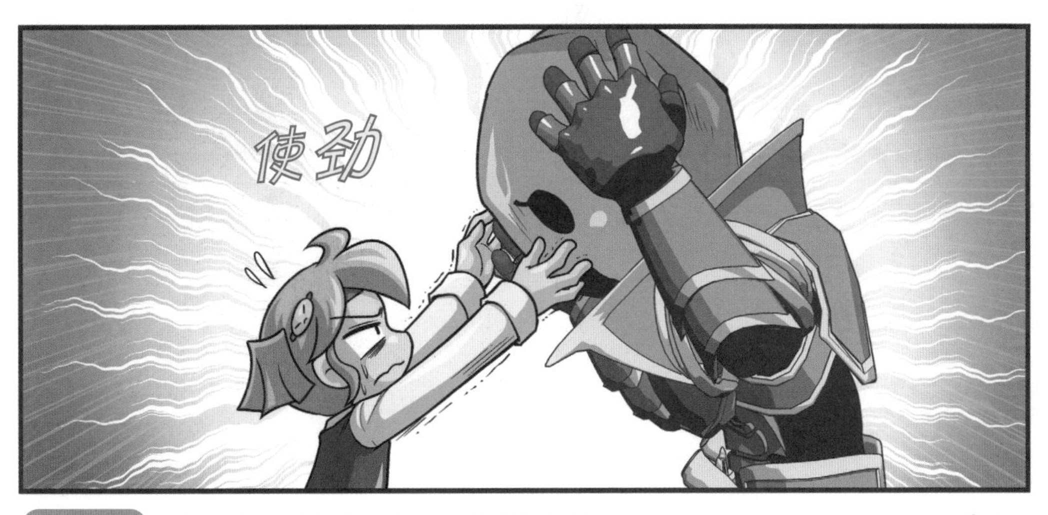

第182章-2
选择题

我们平时在写数字或读数字的时候，一般使用哪种进制呢？

① 五进制 ② 十进制 ③ 十二进制 ④ 六十进制 ⑤ 百进制

拿不下来了。
真是抱歉……
晕

看来得去铁匠铺*
用大铁锤敲碎才
能拿下来了。

*铁匠铺：用铁锻造各种器具的小工厂。

顶着这么一张脸，
我要怎么去铁匠
铺。太丢人了！
不快

无力
哎哟……

*丙酮：一种有毒的液体。

你先给我把你画的这
张脸擦掉吧。之后，
我再去铁匠铺把它敲
碎取下来……

那个……请问
您有丙酮*吗？
要这个干吗？

正确答案 ②（解析见第165页）

我是用油性记号笔画上去的，必须用丙酮才擦得掉……

啊呃

或者酒精也行……
闭嘴！
暴怒

那我再给您多画几根眼睫毛吧。这样看起来会好很多……
住手！

我还是先把你消灭了吧！
转

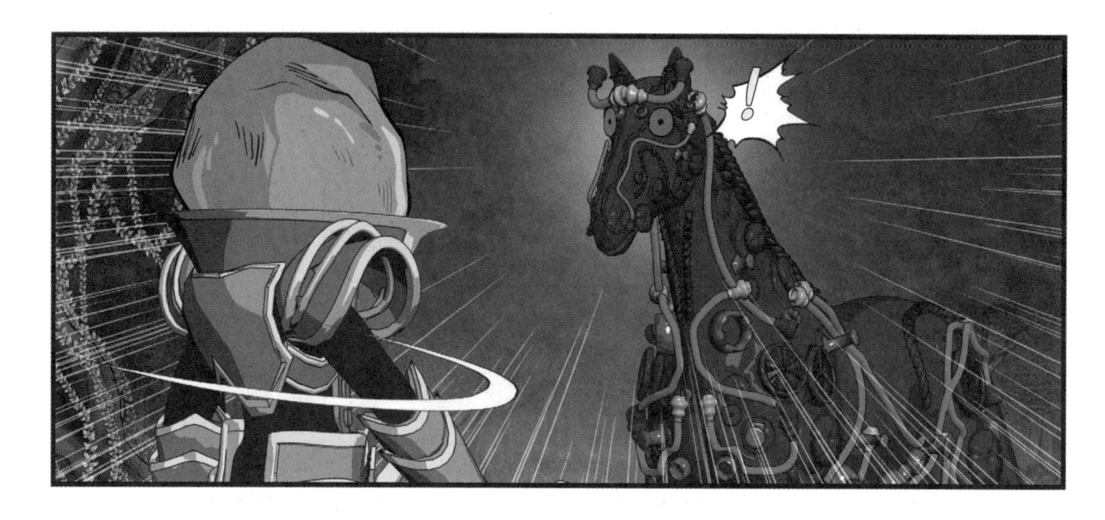
!

嗬！
!

很好笑吗？
气得
发抖

摇头
摇头
摇头

紧盯

哭唧唧

第182章-3
选择题

请在下列选项中找出表达不正确的一项。

① 十五岁铅笔　② 年纪是十五岁　③ 十五只小狗　④ 十五把刀

都怪我，害得
这匹马……
呜

请您再给我一次机会，
头骑士先生！

我想了一下，我没给您画鼻子。要是把鼻子也给您画上，就会好很……
你、你离我远一点！
害怕
害怕

转

嗒嗒嗒

正确答案 ①（解析见第 165 页）

怎么办……

瘫坐
马儿，
我会让你复活的！

你一定能再次
奔跑起来的！

乒乒
乓乓

完成！

可是这跟刚才的马儿有点不一样……

不过也差不多，都是能跑起来的……

马儿，恭喜你！你复活了！
哇

星星糖魔法棒！
四处看

你也跟我一起走吧！

第182章-4 填空题

现今世界通用的数字为（　　　　　　　　）数字。

准备好了！
坐

现在去哪里呢？

还能去哪儿呢，当然是去尼科王子殿下那里啦！他现在肯定望眼欲穿地等着我哩。

王子殿下的城堡在哪边来着？
到处看

正确答案 阿拉伯（解析见第 165 页）

要不就随便走吧。毕竟好朋友不管在哪里，最终都会再次相遇的……

就这样，宝儿出发了，朝着随便选的地方……
吱啦
吱啦

血泪之星

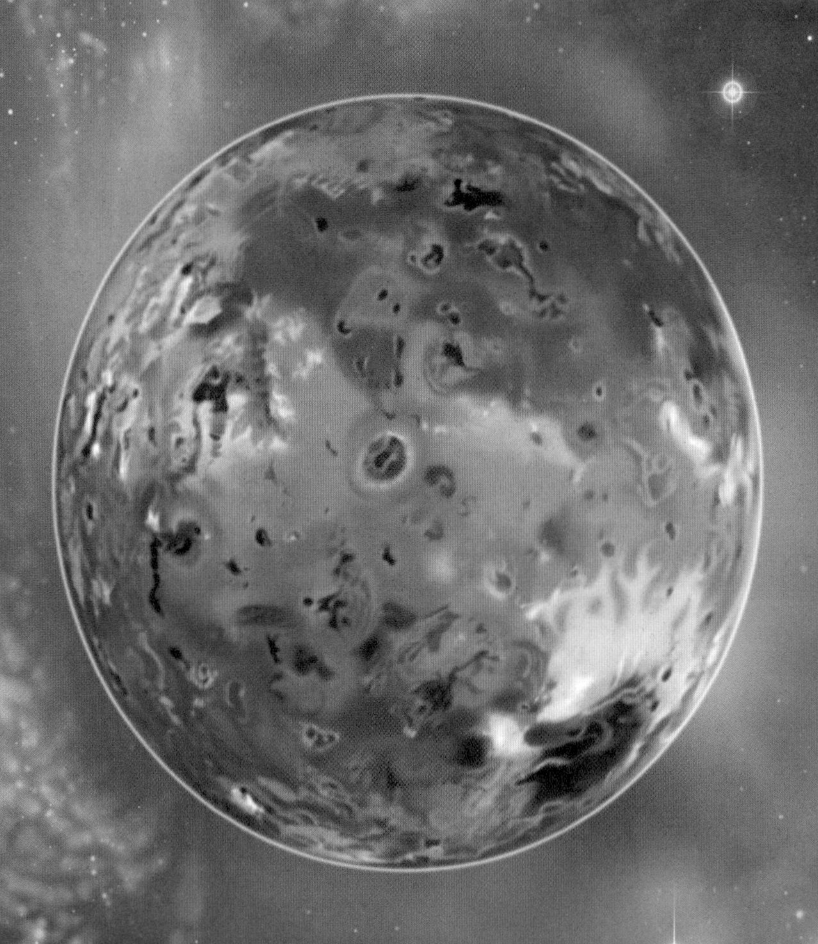

落

啪
啪

欢迎来到血泪之星，这位新人朋友。

虽然你马上就会死掉……

他长得跟阿鲁鲁好像啊……

看来你认
得我啊。
嘻嘻

不过也是，我家在心城
好歹也算得上是数一
数二的名门望族……

你不可能不认
识我这个长男。
并不是这
样的……

等等，这些
就够了！

这里是不能提
及家族出身的。
因为不合法。
严肃

隐藏身份、仅凭个人实力
取得胜利不正是国王之战
的规则嘛。我的家族可是
非常注重规则的哦！

连这不可一世的
样子都跟阿鲁鲁
一模一样。
呃唔

我看你……

应该就是普通
平民家里的无
名小辈吧。

你是怎么
知道的……
你长得就像个普
通平民啊，我一
眼就看出来了。

不过你看起来还
是有点能耐的。
根据我的考察。
嘿嘿
哐叽

以你的生存能力，
做我的使唤下人，
还是可以的。
随你怎么说
吧。哎哟喂，
好累啊……
坐下

要想在国王之战中活
下来，就必须组队*。
这些你总知道吧？

也对……自己一
个人坚持到最后
是有点困难。

*组队：为了达成共同的目标，与其他人组成队伍一起行动。

不过，人员肯
定会多起来的。
因为这是……

我领导的
队伍啊。
哈哈
原来是个
自恋狂。

我连小队的名
字都取好了。
生气
等等！

你就这么把小队的
名字定了不好吧。
严格说来，我也是
小队的成员啊……

我父亲常常跟我
说，真正的贵族
是懂得倾听贫贱
者的意见的……
呵

说说看吧，这位平民朋友，你所想的小队名字是……

散伙饭！

我觉得很麻烦，只想赶紧结束这个比赛，所以才取这个名字的。怎么样？
呃唔
果然出身贫贱的人就是这样。

小队的名字就是“皇家总统冠军小队”！我不接受其他任何意见！
气愤

2 数量认知与数概念

领域 数与运算　　能力 概念理解能力

人们对于数的认识，是从原始时代开始逐步发展至今的。判断“某一特定事物是否存在”的概念产生后，就出现了思考“两个事物是否一样多或者两者中哪个更多”的比较概念，接着就进入了计算“某种事物有多少或者哪种事物多出多少”的数量认知阶段。通过这样的过程，构建起了现今具有抽象特性的数概念（参考［表 1］）。

［表1］ 领域与能力分类表

存在概念	有、无	有（没）东西。（数字0的使用）	他有（没有）朋友。
比较概念	一样、不一样	东西一样（不一样）。（进行分类）	那顶帽子跟我的一样（不一样）。
	更多、相等、更少 更大、相等、更小	数量更多/相等/更少。 体积更大/相等/更小。	3班的学生数更多/相等/更少。 背包的容量更大/相等/更小。
数量认知	数目（数） 分量（量）	计算数目（自然数）［附上量词］ 分数的使用［单位的使用］	三支铅笔、三只麻雀、 $\frac{3}{4}$ L水、一斤半牛肉、一升米
数概念	抽象概念	◆ 自然数概念的产生 ［参考］自然数中数概念扩展成为数的体系 复数体系｛实数体系｛有理数体系｛整数体系｛正整数（自然数）、0（零）、负整数｝；分数体系｝；无理数体系｝；虚数体系｝	

数量是数目与分量的意思。数目（简称数）指的是类似汽车、动物、手机等这种“无法再细分的事物的多少”。分量（简称量）指的是长度、面积、体积等“可以继续细分的量”。数与量都是以在数字后面加上单位（量词）的形式出现的。

［例子］一个装有 7.2 升（L）水的鱼缸里有五条金鱼。这里“五条”当中的“五”就是数目为 5 的意思，“条”则是“鱼、昆虫等动物的计量单位”。另外，“升（L）”是容积的单位，“7.2 升”就相当于 1 升的 7.2 倍。

某一物体的数目、长度、面积、体积的大小与形状、颜色等，都是这个物体的特性或性质，这些被称为属性。我们在比较不同的属性时，所使用到的形容词，在大多数情况下都是对应的。例如，下面都是跟长度有关的单位，从物体底部到顶端的距离称为高度，横向的距离称为宽度（或幅度），从表面到底端的距离称为深度，而我们在比较高度、宽度、深度的时候，对应地会使用高（矮）、宽（窄）和深（浅）来表达，对于长度本身则会使用长（短）来表达。各类属性在比较时所用到的形容词经整理后如［表 2］所示。

[表2] 领域与能力分类表

属性	对应形容词	可使用这一形容词的其他属性	属性	对应形容词	可使用这一形容词的其他属性
数目	多、少	分量、数量、时间、知识、经验等	高度	高、低	温度、湿度、地位(身份)、身高、价格、声音等
长度	长、短	持续的时间、岁月、话(字)、声音等	深度	深、浅	想法、造诣(学问)、睡眠等
面积	宽、窄	宽度(幅度)、范围等	厚度	厚、薄	利润、利息、脸皮等
体积	大、小	数值、角度、声音等	粗细程度	粗、细	谷粒、嗓音、笔画等
重量	重、轻	心意、责任、比重等	时刻	早、晚	早晨、傍晚、深夜、季节等
距离	远、近	辈分、亲近程度等	浓度	浓、浅	颜色、味道、烟雾、眉毛、妆感等

另外，像“12 英寸（inch）”和“3 米（m）”这种数值后的单位并不一致的情况，需要我们把单位换算成同一种后再进行比较。

[图1] 数概念的诞生

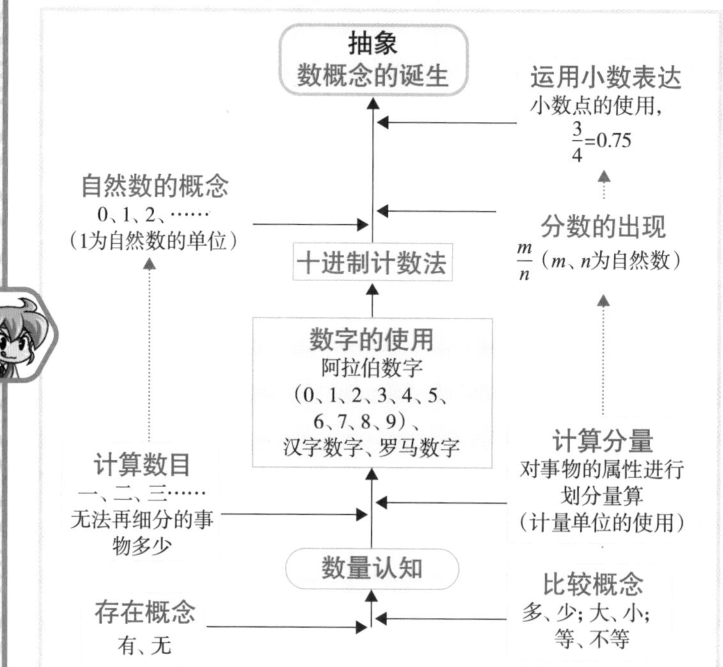

就这样，人们不断地计算事物的数目、使用计量单位，自然而然开启了认识数量之旅，创造出数字并记录下数值。

首先，运用十进制计数法（简称十进制）开始有效记录自然数之后，为了准确地表达比1（一）小的零头，分数的概念就出现了。利用十进制的原理，十进分数也能用小数的形式表达出来。

这样经历了多个阶段之后，人们的思维逐步对抽象概念有了认知（参考［图 1］）。我们会在后面的“计量领域”学到如何使用合适的单位来对不同属性的大小进行计量，以及单位换算的方法。

183
新娘，逃跑吧

我也不接受其他的意见，就叫散伙饭！
气
气
气
不，你必须接受。因为……

我才是这个小队的队长！
!

谁说你就是队长了？
这不是理所当然的吗？

莫非你这个平民出身的人，还妄想当小队的队长？
晕

队长和队名以后再决定也不迟。现在最重要的是……

找到一个安全的基地*。再这样喋喋不休地争论下去，万一别人发起袭击，我们就完蛋了。

说得没错。虽然是个平民，但是还挺聪明的。
别扭

* 基地：指某种活动的根据地。

要是有个洞穴之类的地方就再好不过了……
山庄或是酒店难道不比洞穴好吗?
大步
大步
大步

啐，这里无路
可走了嘛。

第183章-1
判断题

无法再细分的事物个数属于分量概念。

正确答案 ×（解析见第 166 页）

咚
咚

我听说血泪之星上也曾存在过古代文明，不过现在消失了。这应该就是那时候留下来的遗迹吧。

我们也太幸运了吧。能找到这种遗迹可不是一件容易的事情呢……

你可别忘了，
这都是我的功劳哦。

哎哟，竟然装作没听见?
哼
大步
大步

第183章-2
选择题

下列选项中哪一项不是无法再细分“数目”的事物？

① 汽车　② 斧头　③ 水　④ 金鱼　⑤ 渔船

正确答案 ③（解析见第 166 页）

你们是参加国王
之战的人吗？

嗯……

不好意思，这个地方
已经被我先占了。还有就是，
我一点都不想跟男孩子一起
待在同一个地方。所以，请
你们安静地离开。
举

哎哟，
不好对付呢！

你，我好像在
哪里见过来着。
我没那么单纯，
这种胡说八道
的话也相信。

我没胡说八道……
不想血溅当场的话，我奉劝你们还是乖乖离开的好。

这把长枪，你会使吗?

当然啦。你这种水平我一招就能制服……

!
啪嗒

挺厉害啊！我还以为他只是个不学无术的贵族少年呢……
!

看来你还得勤加练习啊。
呵呵

扔
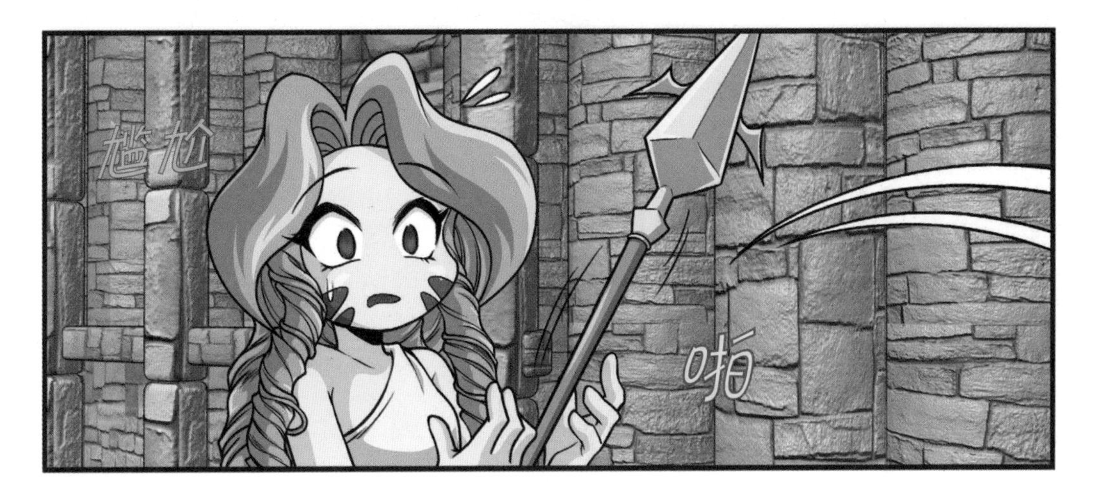
尴尬
啪

我们正在组队，招募队员。

组队？
是的。你不会还相信不组队也能活下去吧？

我们现在还只
有两个人。

你要是加入的话，
就是三个了！

我也是需要
组队的。

他们看着也不
像坏人……
表情给我
温柔一点。
已经很
温柔了。
笑容
笑容

可以。
收

队员又多
了一个！

第183章-3
选择题

下列选项中不恰当的组合是哪一项？

① 长度：远、近 ② 数目：多、少 ③ 重量：重、轻
④ 高度：高、低 ⑤ 深度：深、浅

正确答案 ①（解析见第 166 页）

嘿嘿

吓
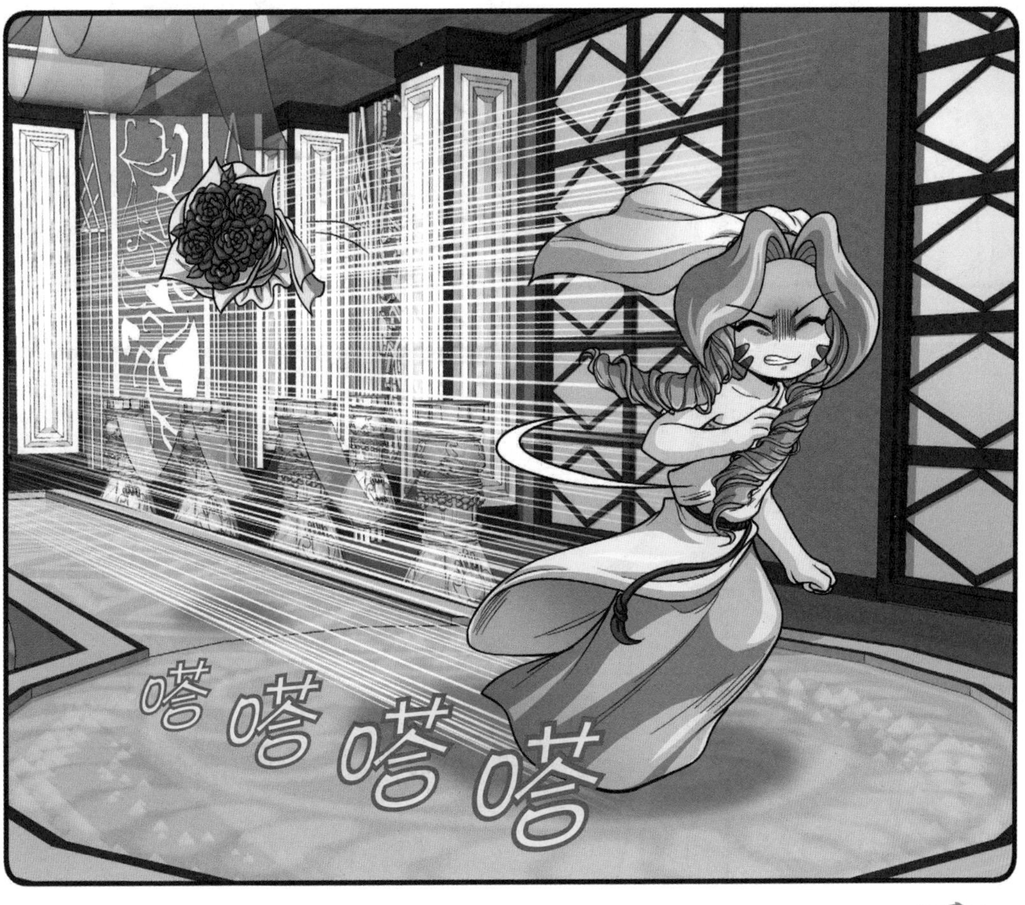
嗒嗒嗒嗒

当我正发愁该逃到哪里去的时候，突然想到了国王之战。于是，我就找到国王之战事务局，申请加入了这次的战斗。
真有胆识啊！

来到血泪之星之前，我一直提心吊胆的，生怕被抓回去。

加入国王之战你就不害怕吗？

当然也会害怕呀。可是，一想到我差点要跟一个大我二十多岁的丈夫共同生活，也就没那么害怕了。
哈哈

我们能参观一
下你家吗?
当然，现在这也
是你们的家了。

嘎吱
转

迈步
迈步
迈步

这里还挺不错的。
哇啊

你是怎么找到这么好的地方的呀？
我在森林里迷路了，误打误撞就……

你那把长枪也是这里的吗？
嗯。

那边有个武器库*。
连武器库都有……
噢噢

*武器库：指存放武器的仓库。

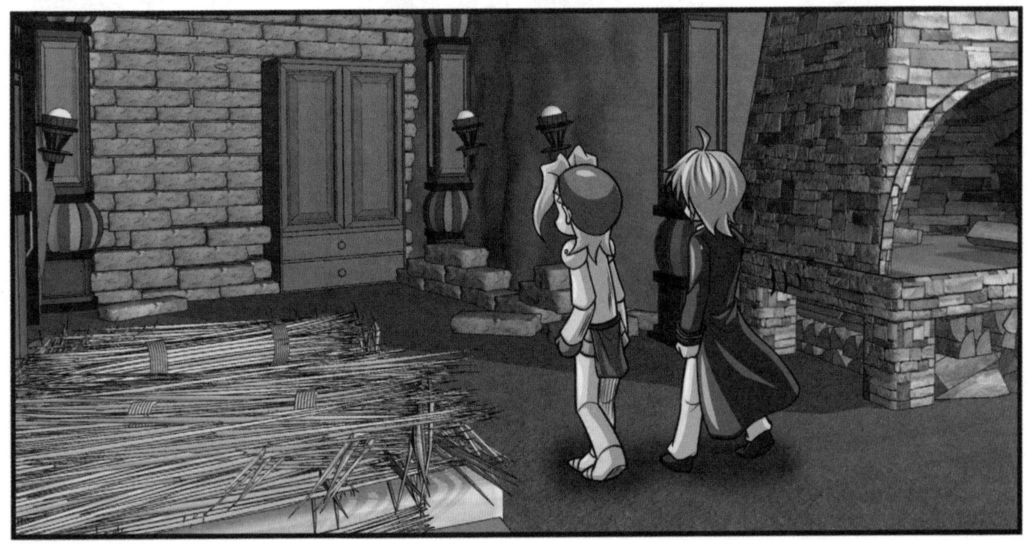

第183章-4 填空题

我们会在数学的（　　）领域当中，学习到如何使用合适的单位来对不同属性的大小进行计量，以及单位换算的方法。

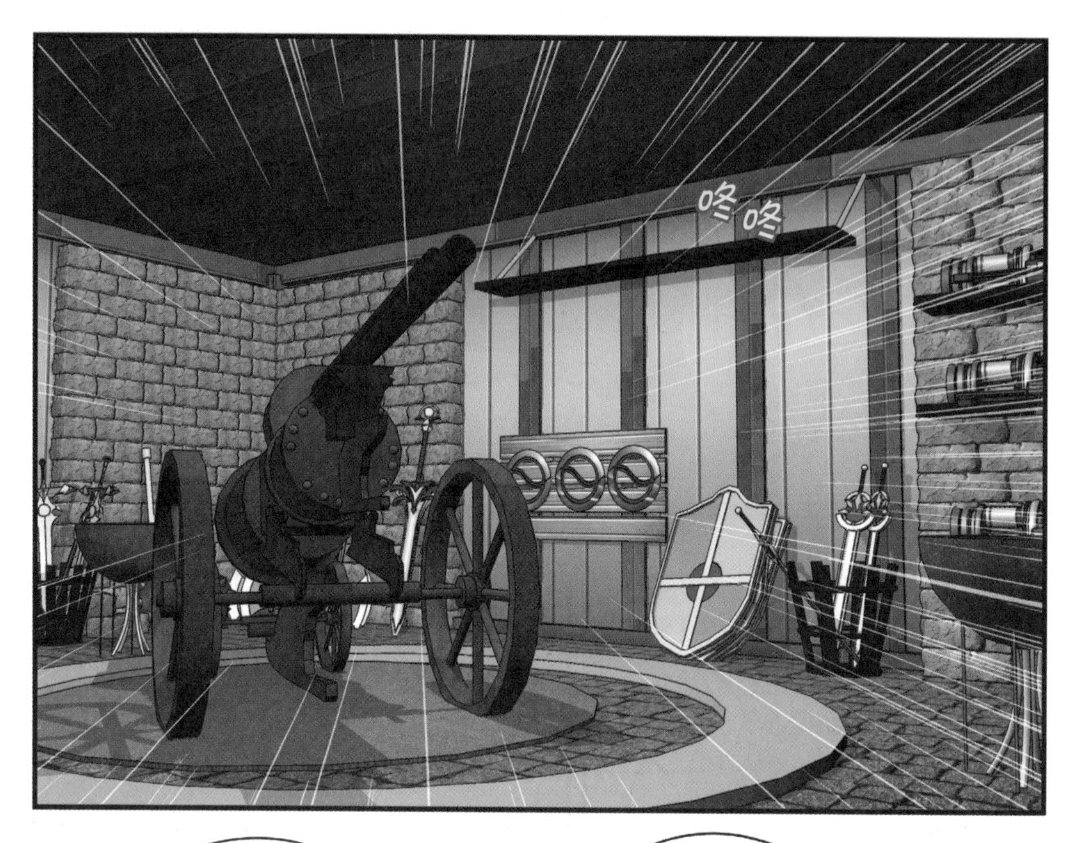

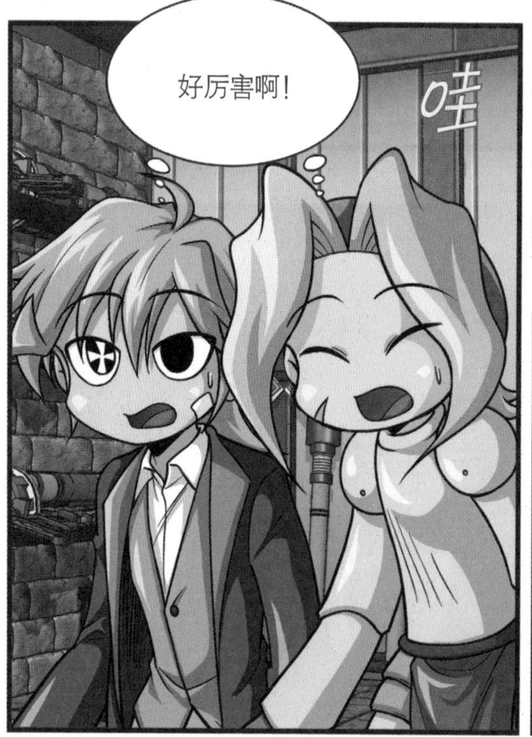

好厉害啊！
哇

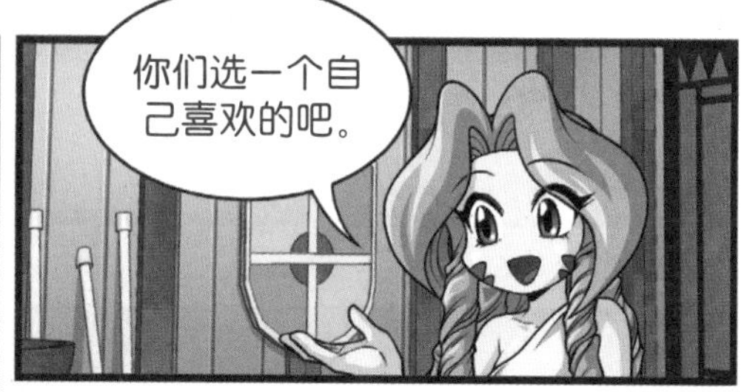

你们选一个自己喜欢的吧。

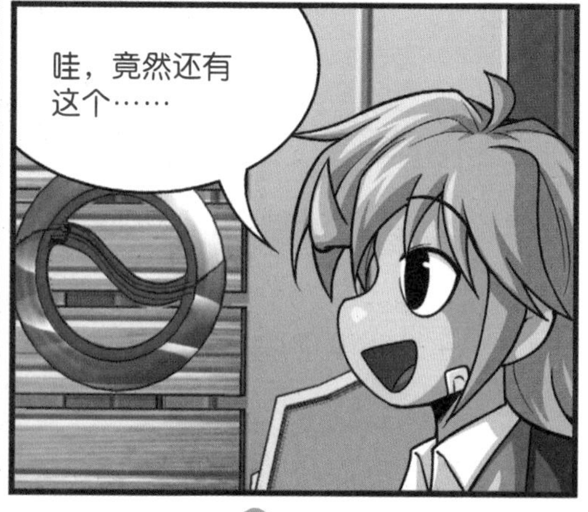

哇，竟然还有这个……

正确答案 计量（解析见第 166 页）

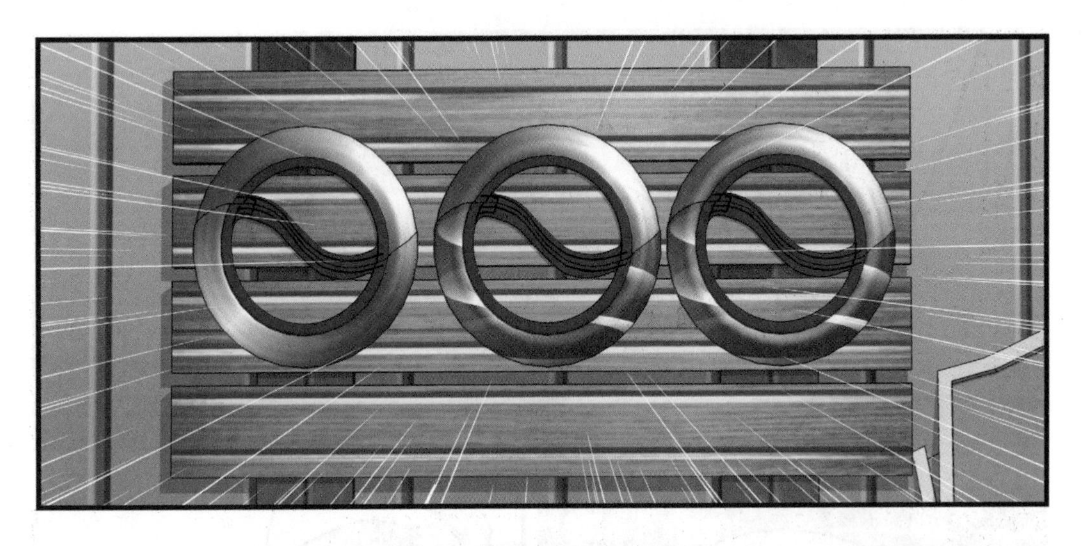

举
那是什么？
环刃！

这武器打造得真棒。

咔嚓

是这样分开双手拿
着使用的吗?
嗯，它有几
种使用方法。

这样才称得上是最
厉害的武器啊!
哈哈

哎呀，
我的武器是这个!
!

3 命数法与记数法

领域 数与运算　　能力 概念理解能力 / 理论应用能力

如果人们计算事物的数目使用的是“一、二、三、四……”这样一个个去数的方法，那么在面对一些庞大的数目时，只怕要耗费非常非常多的时间。若是我们按“2、4、6、8……”这样两个一数，“5、10、15、20……”这样五个一数，或者是“10、20、30……”这样十个一数的话，那么计算的速度就会快很多哦。

让我们先假设 10 颗糖果为“一袋”，10 袋糖果为“一箱”，那么因为一个袋子里有 10 颗糖果，所以一个箱子里就有 $10\times10=100$（颗）糖果。类似这种前一级满十就往下一级进一的记录方法，它所运用的就是十进制的原理。这时，系统性地给每一级命名的方法就被称为命数法，使用数字系统性记录数值的方法就是记数法。

现在我们所使用的记数法之所以是满十进一的十进制，这可能与我们有十根手指有关。在十进制当中，10 就是一个基底。我们使用 0、1、2、3、4、5、6、7、8、9 与十、百、千的名称，系统性地为从 0 到 9999（九千九百九十九）里所有的四位数都进行了命名，并按照万、亿、兆、京……这样每 10000 倍（10^4 倍、四位数）增加一个数级的方式在使用着十进制。不过，美国所使用的却是每 1000 倍（10^3 倍、三位数）增加一个数级的十进制。由于他们所使用的十进制是每三位数就用逗号隔开，所以每个数级里都是以百为单位的三位数。

［图1］ 中国和美国的命数法与记数法

中国的命数法与记数法

数的命名（命数法）：读法　　数位与数值　　数的记录（记数法）：写法

5,4321,8065,9301,4567
中国（数级长度为四位）
（每四位数为一数级）

54,321,806,593,014,567
美国（数级长度为三位）
（每三位数为一数级）

数位	十京位数	京位数	千兆位数	百兆位数	十兆位数	兆位数	千亿位数	百亿位数	十亿位数	亿位数	千万位数	百万位数	十万位数	万位数	千位数	百位数	十位数	个位数
数值	十京	京	千兆	百兆	十兆	兆	千亿	百亿	十亿	亿	千万	百万	十万	万	千	百	十	一
数级	京级		兆级				亿级				万级				个级			
读法		5	4	3	2	1	8	0	6	5	9	3	0	1	4	5	6	7
	5京		4321兆				8065亿				9301万				4567			
美国		5	4	3	2	1	8	0	6	5	9	3	0	1	4	5	6	7
写法、数级	54 quadrillion			321 trillion			806 billion			593 million			14 thousand			567(one)		

从［图 1］可看出，即便数字的写法是如“54,321,806,593,014,567”这样的，但是依旧要遵循我国的命数法将它读成“5 京 4321 兆 8065 亿 9301 万 4567”。这也是大家为什么会觉得这部分学起来比较困难的原因。

数值会根据数字在数中位置的不同而不同。同样都是数字 6，右边这个 6 在十位数，所以它就表示 $6\times10=60$；而左边这个 6 位于十亿位，所以它表示的就是 60 亿。由于数字位置的不同会影响数值，因此人们也会在“十进制记数法”上加上位值，称呼它为十进位值制记数法。

随着人类文明的发展，人们的生活规模也越来越大，渐渐地我们所使用的数字也越来越大。这么一来，给这些庞大的数字命名就必不可少了。自然数是无限的，所以我们只对其中一部分数级进行了命名。同样，我们也对无限小的数进行了命名。随着人们对生活中的精确性要求越来越高，开始需要计量比 1 小的数值，于是分数出现了，还根据十进制的原理，发明使用分母为 10 的乘方（10^n 型）的分数，即十进分数。另外，依据十进位值制记数法，运用小数点来记录的数字，被称为小数。对于较大的自然数与小数的名称，我们用中文和英文将它整理成了［表 1］（分数与小数将会在后面为大家详细讲解）。

［表1］ 较大自然数与小数名称的中英对比

数级	名称（中文）
10^0 = 1	一
10^1 = 10	十
10^2 = 100	百
10^3 = 1000	千
10^4 =10000	万
10^8	亿
10^{12}	兆
10^{16}	京
10^{20}	垓
10^{24}	秭
10^{28}	穰
10^{32}	沟
10^{36}	涧
10^{40}	正
10^{44}	载
10^{48}	极
10^{52}	恒河沙
10^{56}	阿僧祇
10^{60}	那由他
10^{64}	不可思议
10^{68}	无量大数

数级	名称（英文）
10^0 = 1	one
10^1 = 10	ten
10^2 = 100	hundred
10^3 =1000	thousand
10^6	million
10^9	billion
10^{12}	trillion
10^{15}	quadrillion
10^{18}	quintillion
10^{21}	sextillion
10^{24}	septillion
10^{27}	octillion
10^{30}	nonillion
10^{33}	decillion
10^{36}	undecillion
10^{39}	duodecillion
10^{42}	tredecillion
10^{45}	quattuordecillion
10^{48}	quindecillion
10^{51}	sexdecillion
10^{54}	septendecillion
10^{57}	octodecillion
10^{60}	novemdecillion
10^{63}	vigintillion

小数/十进分数	名称（中文）
10^{-1}	分
10^{-2}	厘
10^{-3}	毫
10^{-4}	丝
10^{-5}	忽
10^{-6}	微
10^{-7}	纤
10^{-8}	沙
10^{-9}	尘
10^{-10}	埃
10^{-11}	渺
10^{-12}	漠
10^{-13}	模糊
10^{-14}	逡巡
10^{-15}	须臾
10^{-16}	瞬息
10^{-17}	弹指
10^{-18}	刹那
10^{-19}	六德
10^{-20}	空虚
10^{-21}	清静
10^{-22}	阿赖耶
10^{-23}	阿摩罗
10^{-24}	涅槃寂静

数级	名称（英文）
10^{-1}	tenth
10^{-2}	hundredth
10^{-3}	thousandth
10^{-6}	millionth
10^{-9}	billionth
10^{-12}	trillionth
10^{-15}	quadrillionth
10^{-18}	quintillionth
10^{-21}	sextillionth
10^{-24}	septillionth
10^{-27}	octillionth
10^{-30}	nonillionth
10^{-33}	decillionth
10^{-36}	undecillionth
10^{-39}	duodecillionth
10^{-42}	tredecillionth
10^{-45}	quattuordecillionth
10^{-48}	quindecillionth
10^{-51}	sexdecillionth
10^{-54}	septendecillionth
10^{-57}	octodecillionth
10^{-60}	novemdecillionth
10^{-63}	vigintillionth

根据作用的不同，可以将自然数分为四种类型。第一种是一、二、三、四……这种用来表示事物个数的数；第二种是第一、第二、第三……这类表示顺序的数；第三种是“用于识别事物的专属数字”，电话号码、运动选手的号码、身份证号码、邮政编码、密码、银行账号等都属于这一类；第四种是借助工具得到的用来表示测量结果的数。

为了方便各位小读者后续的学习，在此先将数的三种表现形式放在了下面哦。

标准式：2,345.678（自然数部分每三位数用逗号隔开）

展开式：$2\times10^3+3\times10^2+4\times10^1+5\times10^0+6\times10^{-1}+7\times10^{-2}+8\times10^{-3}$

指数式：2.345678×10^3（也被称为“科学记数法”）

184
哆哆当上了队长

那不是“巨剑”吗？
真的好大啊。

摸
我一直想要耍这样的剑来着。
别做梦了。这把剑对你来说太重了。
你拿得起来吗？

拿起

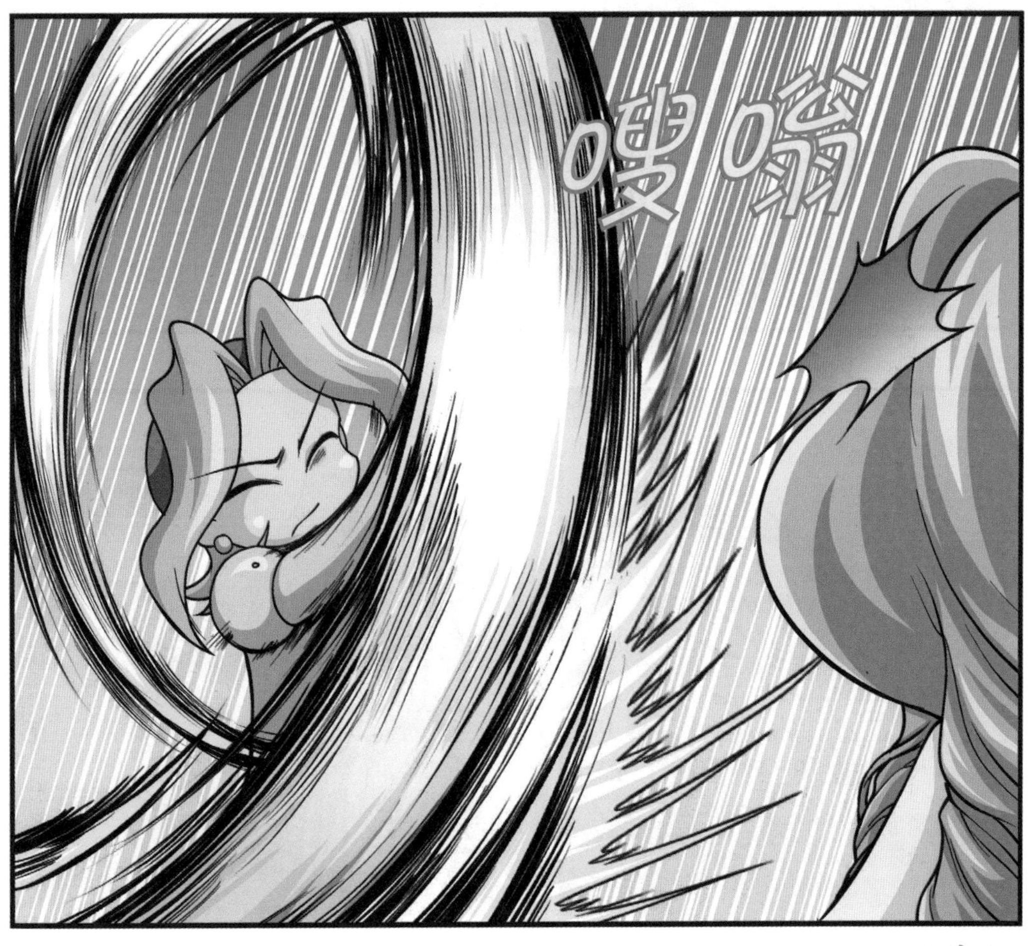
嗖嗡

哈哈……完全
就是为我量
身打造的嘛。
一个小不点，这
是吃了什么这么
大力气……
你力气好
大呀……

咕噜噜

咕噜

这里没有吃的
东西吗？
一个几百年
前的遗址里，怎
么会有吃的呢？

这事儿就交给我
吧，朋友们。
嘿

我一定会让你们
吃得饱饱的。
嗖

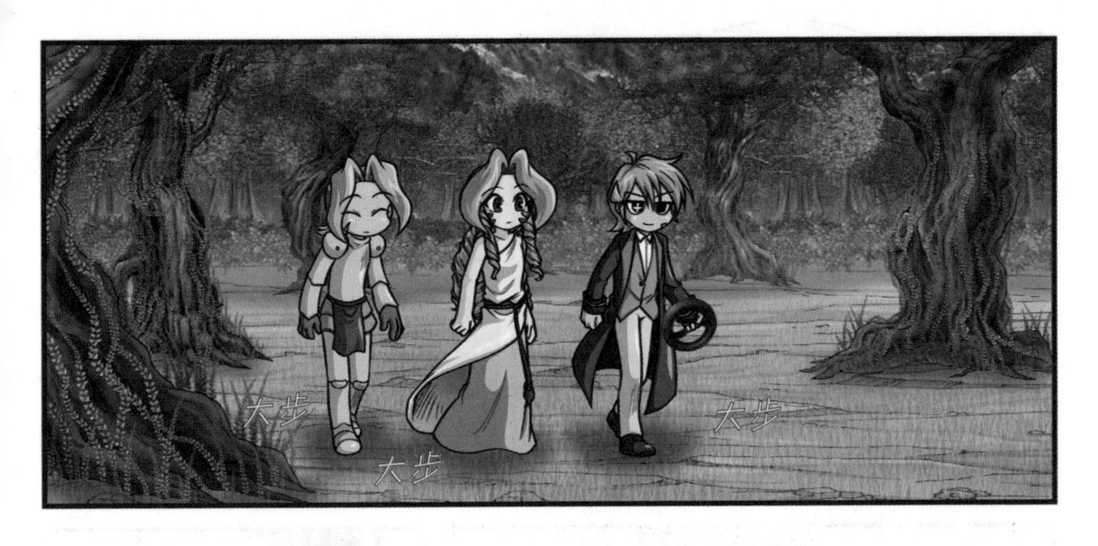

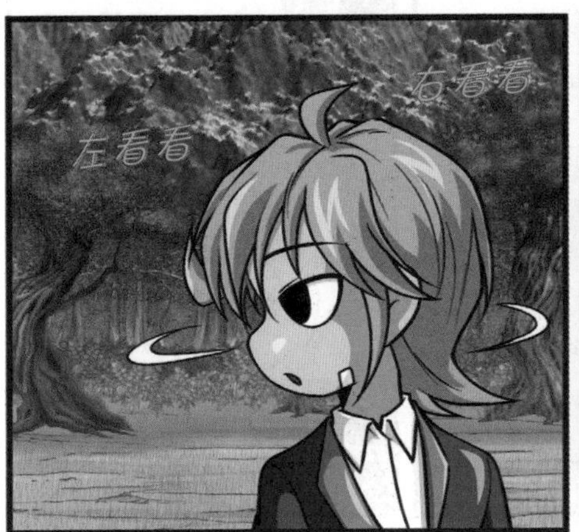

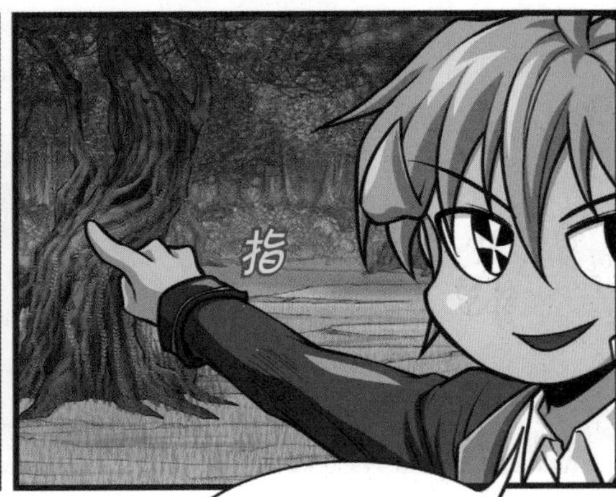

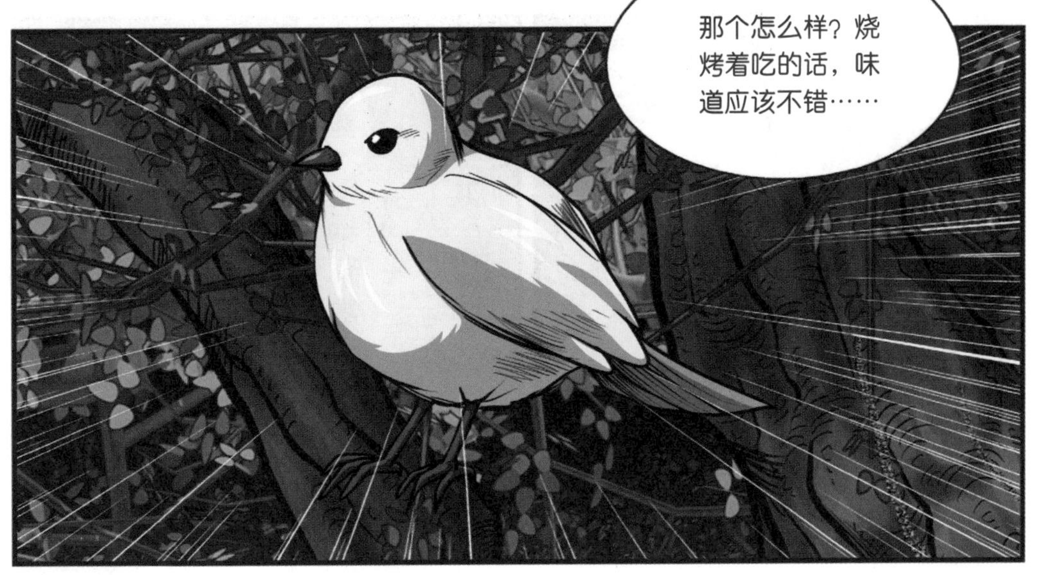

那个怎么样？烧烤着吃的话，味道应该不错……

第184章-1
判断题
系统性地给数命名的方法称为命数法。

只要你能抓
到它……
那当然能
抓到啦。

搞笑吧！这怎
么可能抓到？
哼

我要是抓到了
怎么办？
我觉得你绝对
抓不到！

万一我要是抓到
了的话……

你一口都
别想吃！
我才不吃！
反正你又抓不到！
气
气

就凭你手上那玩意儿，
能抓到它？
哈哈

正确答案 ○（解析见第 166 页）

嗖呜

通常来讲，没有实力的人都喜欢摆花架子……

闪亮

唰啊啊

嗖啊啊

一惊

扑棱棱
嗖嗖

哎，扔偏了……
不然你以为这鸟儿会乖乖坐在那里等着被打到？

第184章-2
选择题

231,478 中数字 3 所在数位表示的数值是多少?

① 30　② 300　③ 3000　④ 30000　⑤ 300000

掉

你好厉害啊！
哎呀，
这算什么呀……

捡起

别这样，我们
大家还是一起
吃吧……
你给我说到
做到啊！
指

不用担心！我是真
的非常讨厌烧烤。

那正好，我们两
个人吃吧。我给
你做得好吃点。

正确答案 ④（解析见第 166 页）

话说回来，你知道怎么生火吗？
这就不劳你费心了。

我可是有野外生存一级资格证的人。这野外生存的能力，不比一般的野生动物差。
竟然还有野外生存资格证……
真的吗？

所以生火这种小事情，更不在话下了！

你找个舒服的地方坐着等就行了。
嗯……
他好像什么事儿都挺擅长的。

30 分钟后
认真
认真
转来
转去

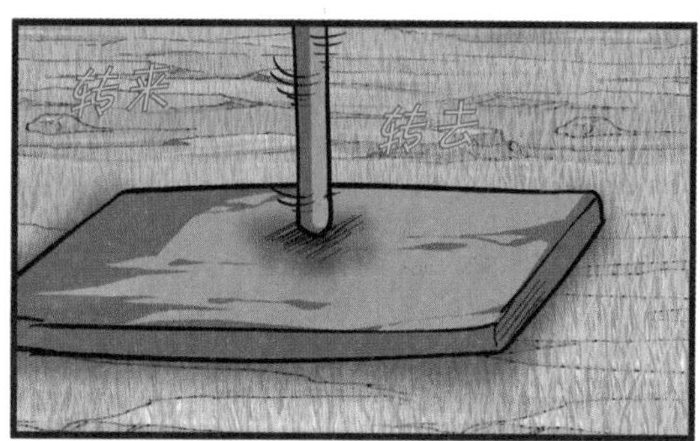
转来
转去

还没弄好吗？
紧张
嗯，可能是因为这个木块有点湿……

木匠没实力，倒怪起工具不好来……
生气
你给我安静点！

别担心，我还有
其他的办法。

这火真的能
生起来吗？
都说了这是
小事一桩，你
还不相信！

又过了 30 分钟
认真
认真
转来
转去

认真
认真

转来
转去

oooooo

用力
用力

啊，我真的没办法了！
瘫坐

打起精神来。人都是这样一事无成、稀里糊涂地长大的。你毕竟还小嘛！

哎哟，我要把他……
忍一忍……

第184章-3
选择题

国际记数法所使用的标准式，是从个位开始每隔几位数就用逗号（，）隔开的？

① 两位数　② 三位数　③ 四位数　④ 五位数　⑤ 六位数

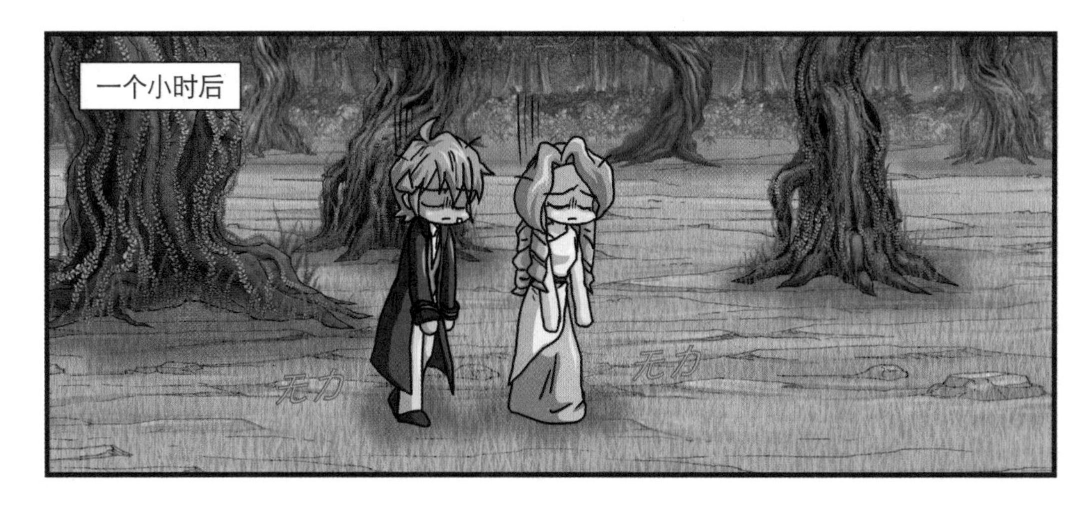

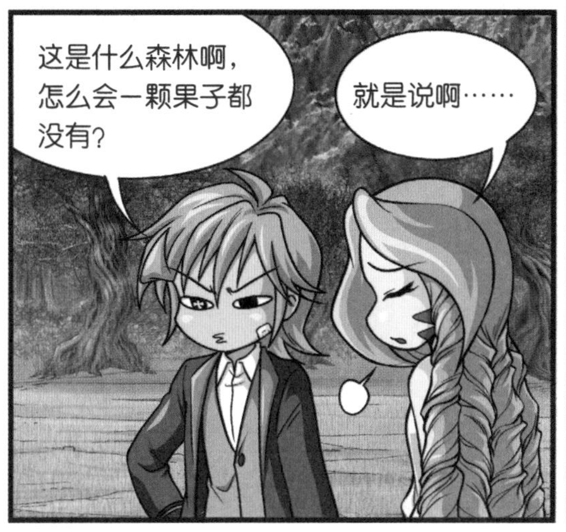

这是什么森林啊，怎么会一颗果子都没有？
就是说啊……

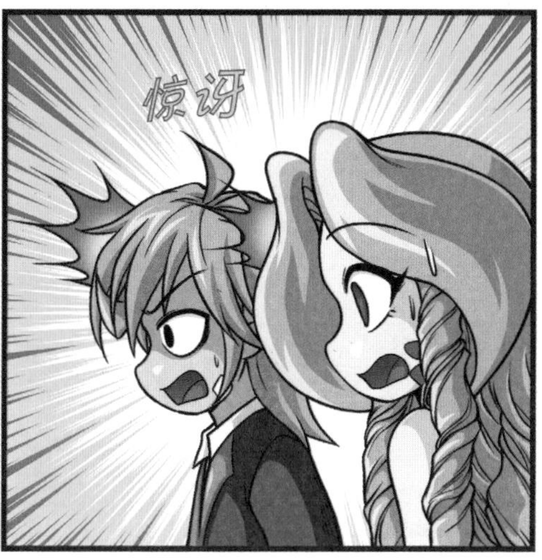

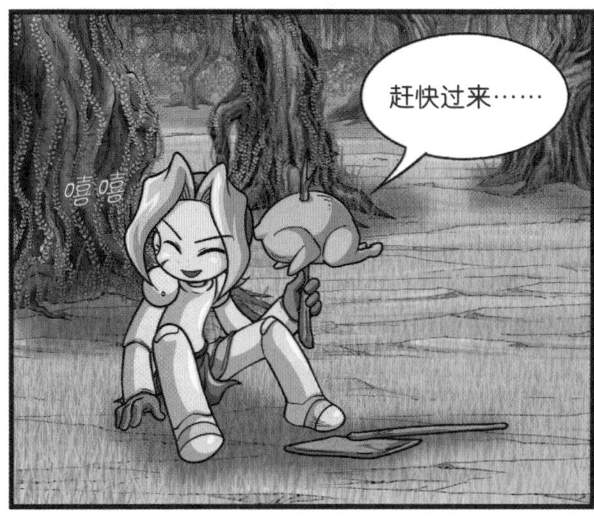

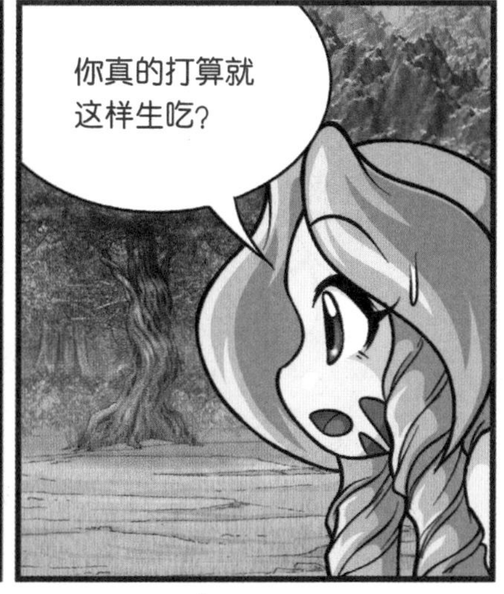

你真的打算就这样生吃？

正确答案 ②（解析见第 166 页）

怎么可能呢，
当然是要烤着
吃啦……

那你怎么生火呀？

咔嗒

惊

嘿嘿……

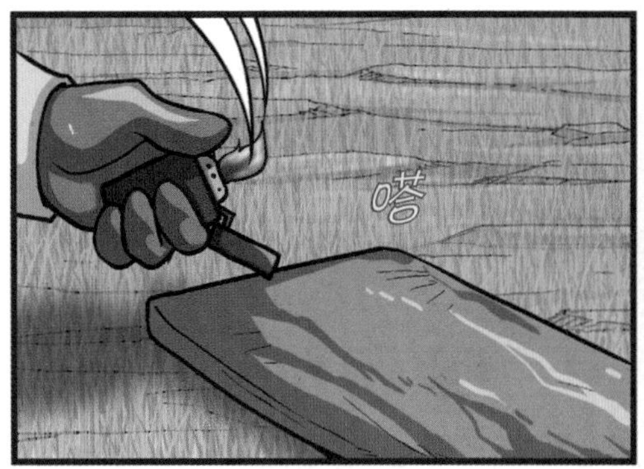
嗒

燃烧

啊

焦黄
焦黄
大火烧

你们贵族人家的小姐少爷，不会还想着从我这儿讨要食物吧？这可是你们自己不要了的肉哦。

嘿嘿，好香啊……一口咬下去，这肉肯定入口即化，入口即化！

要吃吗？
！

第184章-4 填空题

若是用汉语来读 54321806593014567 这个数，从右边的个位开始每（　　）位隔开来读最方便。

不过我有个条件。
点头
点头
点头

我要当队长！

可以！
不行！

为什么不行？

这还用问吗？他是平民出身，身份低贱，怎么能让他当队长来指挥我们俩呢？

平民、贵族都是外面世界的区分标准。在这里，大家都一样，只不过是国王之战的参赛者罢了。
她还是挺明事理的……

正确答案 四（解析见第166页）

我觉得他带着打火机这一点就充分说明他具备当队长的资格。我赞成他当队长。
谢谢你……

撕开

哇

你呢?

呃呃

如果我拒绝了
他的提议，我就
必须离开这里。
哈哈
那样一来，
不就只剩他们
两个人了吗？

不行。
这绝对不行！

赶紧说啊。
手都举酸了。

好吧，
你来当队长！

！
丢

你们吃不完的，
我再吃。
那你呢？
为什么？

因为我是队长，
就必须这样做。

我要是被感动到了的话就输了。千万别觉得感动，别感动……
感动

你们快吃，
凉了就不好吃了。
微笑

你们边吃边听我说。作为队长，我有几项决定要宣布。
吃
吃

首先，就是队名！我们小队的名字就叫“散伙饭”！

这名字真有意思……
啐……

另外，我们相互之间的称呼……

这我也知道！谁说要叫你的真实姓名啦？
规则可是要求我们不得透露姓名与家族！
气
气

我们不叫名字，但是要定一个称呼。你们就称呼我为“哆哆”吧。

然后，你是“阿鲁鲁”，你是“祖卡”。

阿鲁鲁是什么呀？乡里乡气的……
我也觉得祖卡有点……
生气

喊着喊着这称呼就顺口了，按我说的来。
知道了……

吃得好饱呀……
鼓
鼓

你们要是都吃完了的话，就去森林里捡点木头回来。

要木头干吗？
当然是搭建篱笆栅栏啦！莫非你要这样四面透风地一直大敞着吗？
残破

一点人情味都没有的家伙……竟然吃得一干二净。
舔舔
舔舔

4 自然数的加法运算

领域 数与运算　　能力 概念理解能力 / 理论应用能力

除了数事物数目的多少以外，我们还常常会把一个组合的数量与另一个组合里的数量相加（相合）。可是，两个数或量在相加的时候，这两个数或量只能是同类事物的个数或者是拥有同一属性（性质）的大小才可以。

例如，3 把铁锹和 2 只兔子的数目相加是没有任何意义的。另外，3 只大象和 2 只蚂蚁虽然单位相同，可是它们的数目相加依旧是没有意义的。

那么，两种单位相同的液体，如 1 L 水和 1 L 汽油混合在一起的容积会是 2 L 吗？并不会。水与汽油的属性是不一样的，所以它们的总容积应该是 1.8 L 左右。还有一点，单位不同的数，如 1 km 和 1 kg，相加是不成立的。

也就是说，在抽象性事物的加法当中，若想“1+1=2”成立，那么相加的两个对象必须拥有相同的性质。我们就用“重量”这个属性来举例吧。虽然 3 把铁锹和 2 只兔子的数目相加是没有任何意义的，但是它们的重量是可以相加的。

假若我们用文字来表示加法，就会出现“3 把铁锹再加上 2 把铁锹就等于 5 把铁锹”这样又冗长又不方便的情况，而运用更为简单方便的运算符号“+”、关系符号“=”和括号“( )”来表示的话，就是“3（把）+2（把）=5（把）”；更简便的方法就是省略单位直接用式子来表示，如果使用有加号“+”的加法算式就是“3+2=5”。

式子 **使用运算符号、关系符号和括号把数与文字（变数、常数）连接起来的表达方式。**

运算符号： +（加号）、-（减号）、×（乘号）、÷（除号）

关系符号： =（等号）、>（大于号）、≥（大于等于号）、<（小于号）、≤（小于等于号）

括号： （ ）小括号、［ ］中括号、{ }大括号

加法算式 45+3=48 当中，45 和 3 是加数，它们相加的结果 48 就被称为和。

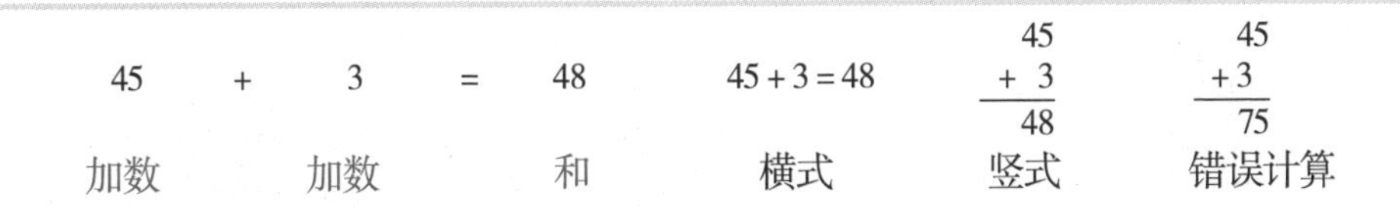

45
+
3
=
48
加数
加数
和
45 + 3 = 48
横式
45
+ 3
48
竖式
45
+3
75
错误计算

加法的计算方式有两种，一种是两个以上的数横向排列进行计算的横式，另一种是竖向排列计算的竖式。在进行加法运算时，数位一致的数字需要对齐，然后从个位数开始计算。竖式的数位对齐要比横式简单。

如果在计算的时候，某一数位上的数字之和为 10，那就要向前一位进 1。因为其依据的是十进制原理，所以数值每大 10 倍就要往左边的数位进 1。

$$\begin{array}{r} 357 \\ +\ 28_{1}4 \\ \hline 1 \end{array} \Rightarrow \begin{array}{r} 357 \\ +\ 2_{1}8_{1}4 \\ \hline 41 \end{array} \Rightarrow \begin{array}{r} 357 \\ +\ 2_{1}8_{1}4 \\ \hline 641 \end{array} \quad \vdots \quad \begin{array}{r} 357 \\ +\ 2_{1}8_{1}4 \\ \hline 641 \end{array}$$

如果某一数位上的数字相加大于 10，满 10 进 1，那么就要向下一位进 1（进一级），这就叫作进位。相反，退位的概念就是指减法运算中从上一数位借 1，当作下一数位的 10 来使用。

有两个数，12 和 25，它们相加所得之和为 37。如果我们把 12 和 25 的顺序调换一下，25 与 12 的和也依旧是 37。由此可得，在两个数进行加法运算的时候，相加的两个数调换顺序（交换位置），所得之和是不变的。这一法则称为**加法交换律**。

[加法交换律]任意两个数m、n相加，则 $m+n=n+m$。

另外，在三个数进行加法运算的时候，先把前面两个数相加，再加上第三个数，所得之和，与先把后面两个数相加，再加上第一个数，所得之和是一样的。这一法则称为**加法结合律**。

[加法结合律]任意三个数l、m、n相加，则 $(l+m)+n=l+(m+n)$。

运用加法交换律和加法结合律能够快速求出下列各式。

[例1]（1）$3+8+4+2+7+6=(3+7)+(8+2)+(4+6)=10+10+10=30$

（2）$17+12+16+28+13+14=(17+13)+(12+28)+(16+14)=30+40+30=100$

从上面［例 1］可以看出，在两数之和为 10 的情况下，求解会更为方便快速。若两数之和为 10，则这两个数互为“10 的补数”。具备这种关系的两个数有{1,9}、{2,8}、{3,7}、{4,6}、{5,5}，如果我们能够勤加练习，快速认出这些数，那么在计算多个数相加和两个数相减的时候，就能迅速准确地心算出它们的结果了，毕竟这种方法能让我们快速运用进位和退位来进行计算。

在十进制当中，进位和退位的基数为 10，与此同理，N 进制里 N 就为基数，那在进位与退位时就是满 N 朝下一数位进 1，借 1 就相当于这一数位的 N。例如，在计算时间的时候，60 秒 =1 分钟，60 分钟 =1 小时，因此这里使用的是六十进制。另外，12 支铅笔是 1 打，12 打（144 支）为 1 罗，所以这是使用十二进制来进行计算的。

[六十进制]

4小时 52分钟 45秒
+ 2小时₁55分钟₁55秒
7小时 48分钟 40秒

100秒=60秒+40秒
=1分钟40秒
60秒进位为1分钟

108分钟=60分钟+48分钟
=1小时48分钟
60分钟进位为1小时

[十二进制]

4罗 11打 8个
+ 2罗₁ 5打₁7个
7罗 5打 3个

15个=12个+3个
=1打+3个
12个进位为1打

17打=12打+5打
=1罗+5打
12打进位为1罗

185
雇佣兵宝儿

随便走的宝儿随便找
了个地方休息了一晚

好无聊啊……

要是有人跟我一起玩就好了……
翻身

哈哈哈
想要跟我一起玩的朋友都到这里来吧……

起身

咚
咚

开心
朋友们！

呜
呜

第185章-1
判断题

汽车 2（台）+ 电视 3（台）=5（台）是成立的。

×（解析见第 166 页）

耷拉

呼嗒嗒

哎呀，你好乖呀。你是想跟我一起玩才留下来的，对吧？
嗒
嗒

嘤嘤

你这是什么表情？

莫非你不想跟我一起玩？
生气

嗬
嗬
哈哈哈，你也是想和我一起玩的，对吧？

汪
汪
哎，我们老大……太丢脸了，真是的！

哈哈哈……

是不是痒啊？

第185章-2
选择题

（78+57）+22=78+（57+22）=78+（22+57）=（78+22）+57=100+57=157 当中使用了几次“加法结合律”呢？

①0次　②1次　③2次　④3次　⑤4次

正确答案 ③（解析见第 167 页）

嘎吱
嘎吱

神龙雇佣兵团下半年新兵招募！

愣愣出神

神龙雇佣兵团下半年
嗖

第185章-3
选择题

在“45+3=48”中，下列说法不正确的是哪一项？

① 45：加数　② 3：加数　③ 48：加数　④ 48：和

请问“新兵招募”是什么意思呀？

就是选拔雇佣兵的意思。
这事儿跟你无关，赶紧出去吧。

雇佣兵！雇佣兵！我要当雇佣兵！我就要当雇佣兵！
呜啊
哐
哐
哐

正确答案 ③（解析见第 167 页）

你知道雇佣兵是什么吗？
雇佣兵的话……

是兵的一种吗？
伸

马上给我出去！
怒吼

什么？竟然叫我出去？刚刚，你们是在摧毁一个少女美好的梦想吗？
怒视

吓呆

砰
啪
砰
神龙雇佣兵团下半年新兵招募！
啪

满身
伤痕

我们还是先来面试一下吧。
可以可以。

谢谢你们！
开心

*命数法：指按照一定规则给数字命名的方法，通常在读数字的时候使用。此数可以像 5,4321,8065,9301,4567 这样从个位数开始每四位数用逗号隔开分成个、万、亿、兆、京几个数级，读作“5 京 4321 兆 8065 亿 9301 万 4567”。

不合格！

雇佣兵跟数字有什么关系呀？

若是想要理解作战战略，就必须具备一定的数学知识。

你连数字都不会读，又怎么能成为雇佣兵呢？

所以，你们刚才是在摧毁一个少女美好的梦想……
咬牙
切齿

合……合格！

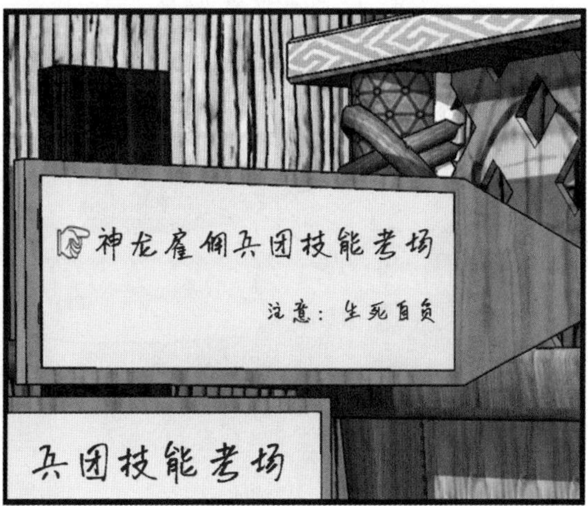

第185章-4
填空题

对于任意两个数 m、n，$m+n=n+m$ 表示的法则为（　　　　　）。

正确答案 加法交换律（解析见第 167 页）

赢得冠军
的就是……
呃啊啊啊

宝儿儿儿儿儿……

咚
嗒
嗒
嗒

5 自然数的减法运算

领域 数与运算　　能力 概念理解能力 / 理论应用能力

夏恩有一打（12 支）铅笔，给了弟弟几支，但是过了几天后，他就忘记到底给了弟弟几支铅笔。为了搞清楚究竟给了弟弟几支铅笔，夏恩利用最开始有的 12 支铅笔和现在手上有的 7 支铅笔进行了计算，得到它们之间的差。

这个差通过减法算式“12−7=5”计算了出来。即，夏恩运用减法运算知道原来自己给了弟弟 5 支铅笔。这里的符号“−”叫作减号，在这个减法算式中，12 被称为被减数，7 为减数，它们相减的结果 5 则被称为差。

减法算式“12−7=5”可以读作：12 减 7 为 5（等于 5）或 12 与 7 的差为 5。

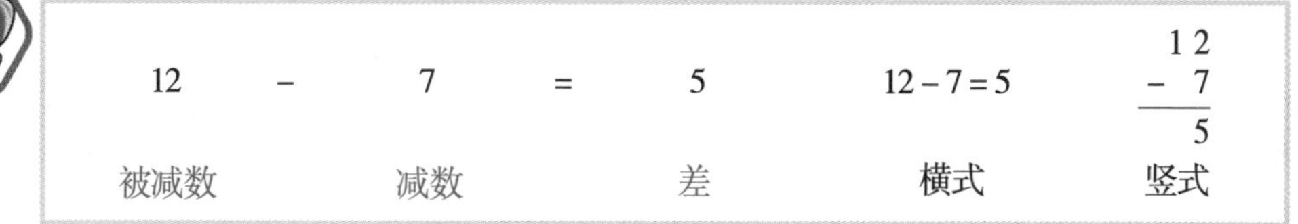

减法与加法一样，可以使用横式与竖式来进行计算。同样，在用竖式计算的时候，数位一致的数字一定要对齐。同一数位的数字对齐后，从个位数开始进行减法运算。如果碰到被减数比减数小的情况，就要向上一数位借 1 当成 10 来进行计算。这种向前一数位借位的方法就是退位。

$$\begin{array}{r} 357 \\ -\ 284 \\ \hline 3 \end{array} \Rightarrow \begin{array}{r} \overset{2\cdot}{\cancel{3}}\overset{10}{5}7 \\ -\ 284 \\ \hline 73 \end{array} \Rightarrow \begin{array}{r} \overset{2\cdot}{\cancel{3}}\overset{10}{5}7 \\ -\ 284 \\ \hline 73 \end{array} \quad \Big| \quad \begin{array}{r} \overset{2\cdot}{\cancel{3}}\overset{10}{5}7 \\ -\ 284 \\ \hline 73 \end{array}$$

下面是关于六十进制时间算法的减法运算与十二进制铅笔数的减法运算，这里都是运用退位来计算的。

[六十进制]　　　　[十二进制]

13· ~~14~~小时	60 51· ~~52~~分钟	60 45秒
− 12小时	55分钟	55秒
1小时	56分钟	50秒

6· ~~7~~罗	12 4· ~~5~~打	12 3支
− 2罗	5打	7支
4罗	11打	8支

1罗=12打
1打=12支

值得我们注意的是，与加法不同，减法当中的交换律和结合律是不成立的。但是，将数字与前面的运算符号“−”一起调换位置再进行计算的话，所得到的结果是一样的。

[例1]　(1) $10+5-3\neq10+3-5$，$10+5-3=10-3+5$

(2) $13+19-3+5-9=13-3+19-9+5=10+10+5=25$

要想准确又快速地进行减法运算，那么练习数的分解组合就非常有必要了。

就像 10 可以分解为两个互为补数的数字，15 可以分解为 7 和 8 这样，我们一定要多加练习，争取能把十几分解为几和几两个数给快速心算出来。只要熟悉了这个过程，“退位减法”就会变得非常简单喽。

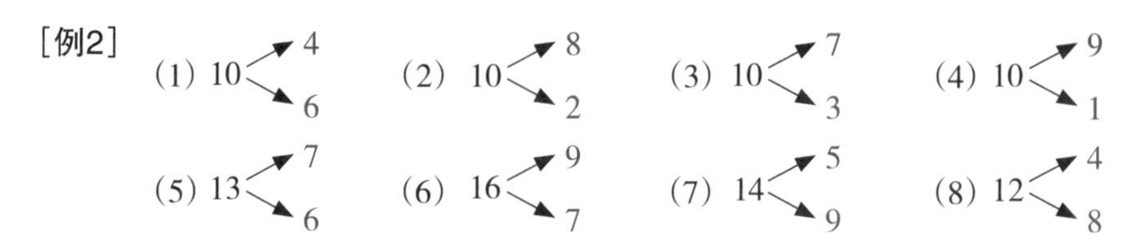

让我们来看看把十几分解为几和几的分解组合练习究竟该怎么做吧。例如，题目为，15 可以分解为 8 和几？这道题也就是在问“15–8”的结果。因为个位数 5 小于 8，先把 8 分解为 5 和 3，然后 15 的个位数 5 就与 8 分解出来的 5 相抵了，于是 15 还剩下 10，另一边也还有 3 需要减掉。最后，我们用 10 减掉 3，就能快速求出差为 7 了。

这一过程在退位减法中时常会用到，所以大家一定要掌握得非常透彻才行。另外，快速计算出进位时会用到的个位数之和几加几，大家也不要忘记多多练习哦。希望大家在下一个学年也能胸有成竹地运用这些方法来进行计算。

接下来，我们来了解一下加法与减法的关系吧。18 加上 7 的话就等于 25，在 25 上减掉 7 的话就又得到了最初的数 18。由此可得，加法与减法之间的关系是互为逆运算。一般来说，可以通过加法来验证减法所得的答案是不是正确的。

$$18 \underset{-7}{\overset{+7}{\rightleftarrows}} 25$$

下图是对照本册的全部知识点画出来的学习图，请各位小读者也跟着画一画吧。

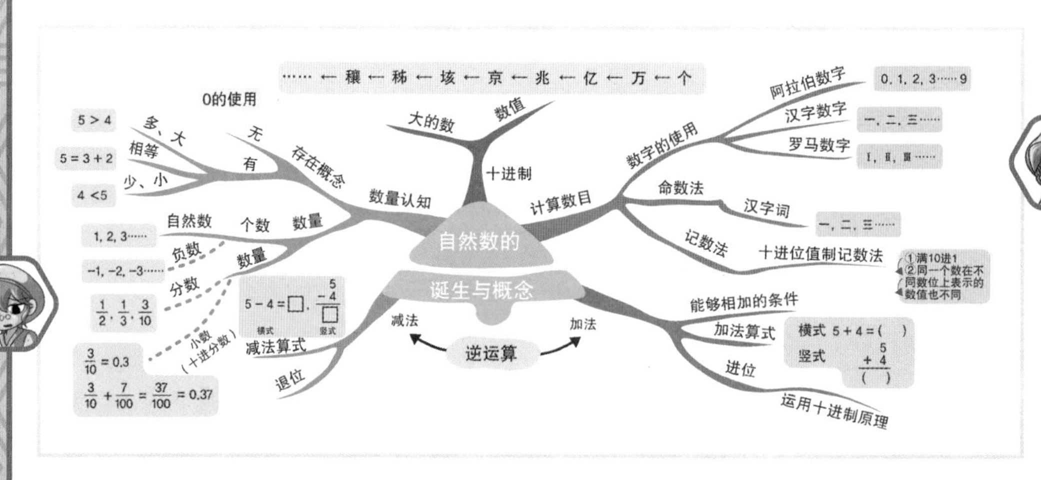

《冒险岛数学奇遇记61》的思维导图

186
超乎想象的小偷

你是谁呀？

那大叔您又
是谁呀？

我嘛，正是最
终的冠军！
哈哈

我是挑战者。

只要还存在一位挑战
者，大叔您就不算最
终的冠军！

什么？你这个
小东西……
嗒
嗒

啪
太猖狂了！

！

跳脚
跳脚

你的脑袋是石头做的吗？
怒目

哎呀，是大叔你的手指太脆弱啦……
哼

啪

哎哟喂……
肿肿

我的脑袋还真是
石头做的！
尴尬

嗖嗖

第186章-1
判断题

576 与 7 这两个数之间的减法运算是将 576 中间的 7 减掉，得到最终答案为 56。

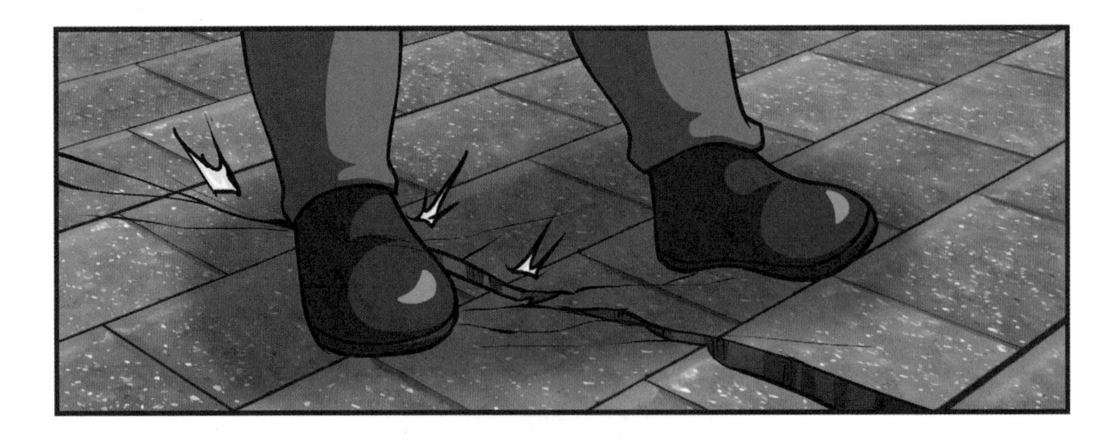

正确答案 ×（解析见第 167 页）

裂开

大叔您的杂技真的练得好棒哦！
惊叹

你，你别过来！
嗒
嗒

跳起

不行行行行行……

杂技叠罗汉！作品名为《来自石缝中的呐喊》！
啪

颤颤
巍巍

呃啊啊啊啊啊
啊啊啊啊啊啊啊……

祝贺你通过
了考核。

开心，开心，
开心！

不过，你还剩下最
后一关。你得去拜
见雇佣兵团长，并
得到他的认可。

请问雇佣兵团长
长什么样呢？
他长得年轻
又帅气。

那就出发吧！
闪闪

血泪之星
迈步
迈步
迈步

果树林太远了。
那我们也得吃水果呀。

我们可以把这些水果晒成果干吃，也可以做成果汁喝，还可以做一点果酱。
我要是咽口水的话我就输了。别咽口水，千万别咽！

第186章-2
选择题

在求出“93-47”的答案之后，可以通过下列哪项中的加法运算来验证求出的答案是否正确？

① 7+6=13　② 4+5=9　③ 47+3=50　④ 86+7=93　⑤ 47+46=93

正确答案 ⑤（解析见第 167 页）

祖卡，
你这是怎么了？
又来小偷了。

什么？

我们保管起来的那些
肉干、蘑菇，还有水果
已经连续几天不见了。

这里没有能钻进
来的地方啊……
会不会他用
了魔法呢？

这人偷东西的手段，
还真是超乎想象啊，
超乎想象……

快出现吧，
小偷！

点头
点头

倒地上

啊，差点睡
着了……
起身

惊

第186章-3
选择题

在“12－7=5”当中，下列说法正确的是哪一项？

①12：减数 ②7：被减数 ③5：差 ④7：差 ⑤5：被减数

正确答案 ③（解析见第 167 页）

抓住你了！
啪

你这个可恶的家伙……

不过话说回来，你是怎么进来的呀？

……

还不快说！

你放开我，
我就告诉你。
开玩笑呢你，
你不就是想
逃跑吗？

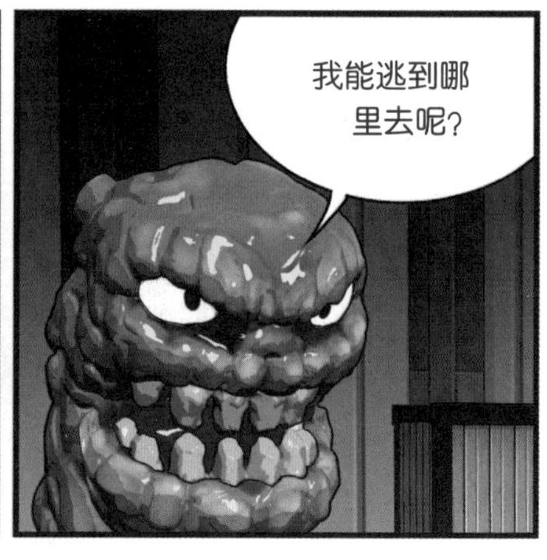
我能逃到哪
里去呢？

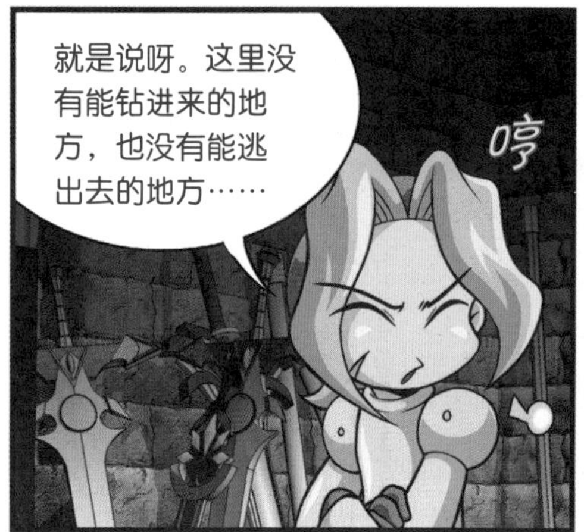
就是说呀。这里没
有能钻进来的地
方，也没有能逃
出去的地方……
哼

你放开我的话，
我就告诉你我是
怎么进来的。

嗯

可以。
解开

快说，你是怎
么进来的？
磨磨
蹭蹭

嘻嘻

你想知道我是
怎么进来的？

我是这样的
进来的！
跃起

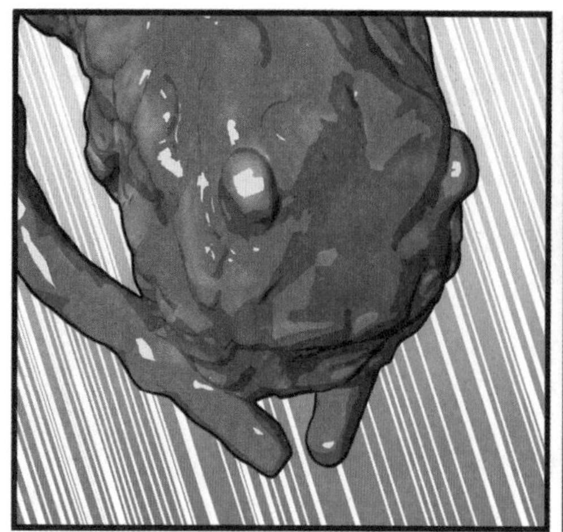

噗啪

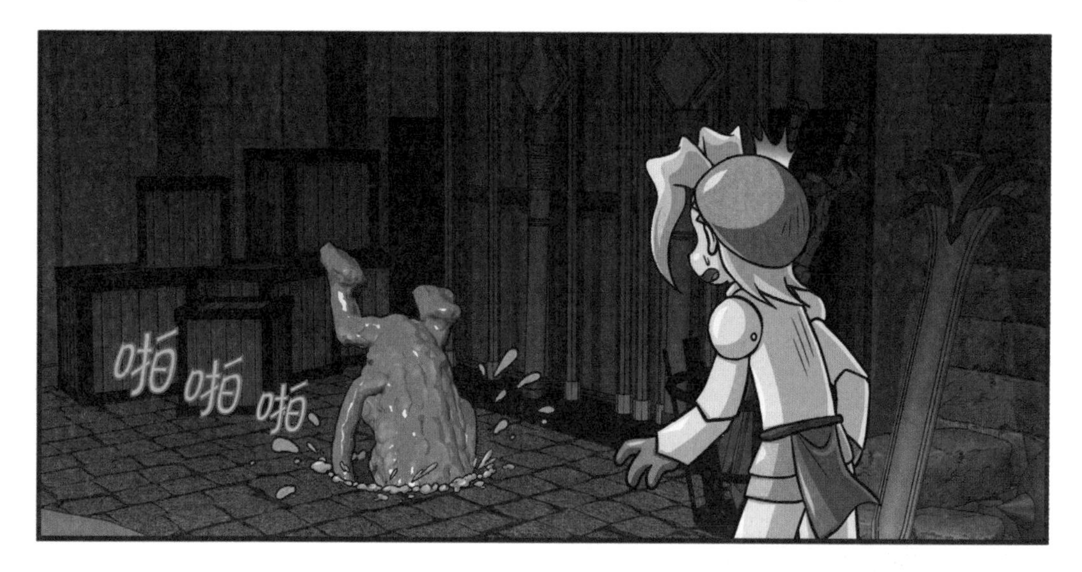
啪啪啪

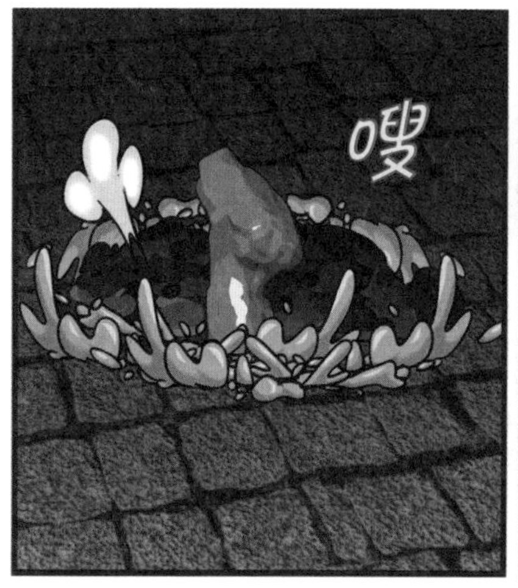
嗖

第186章-4
填空题

两个数相减，如果碰到被减数比减数小的情况，就要向上一数位借1当成10来进行计算。这种向前一数位借位的方法被称为（　　）。

嗒嗒嗒

那家伙的老巢应
该就在这附近。

毕竟在地底下穿梭
移动是一件非常耗
费体力的事情……

不可能离得很远。
迈步
迈步

正确答案 退位（解析见第 167 页）

还有一点，那就是地面
不能布满石块。因为穿
透那种地面可不是一件
容易的事情……

土壤松软的地方……
搓搓

在这里！

嗒
嗒

咚咚

悄悄

没人……

原来把我们的食物都偷偷藏到这里来了，这个可恶的家伙……

!

拿

这不是一本数学题册
吗？竟然做完了一半。
翻开

嗬，一个小偷居然还
这么热爱数学……

原来他被这道题
难住了呀？
坐下

4
17
10
14
19
7
9
8
?
? =

看下图，请在等号后面填入正确的数字。

拿

写写
写写

解出来啦！
哇

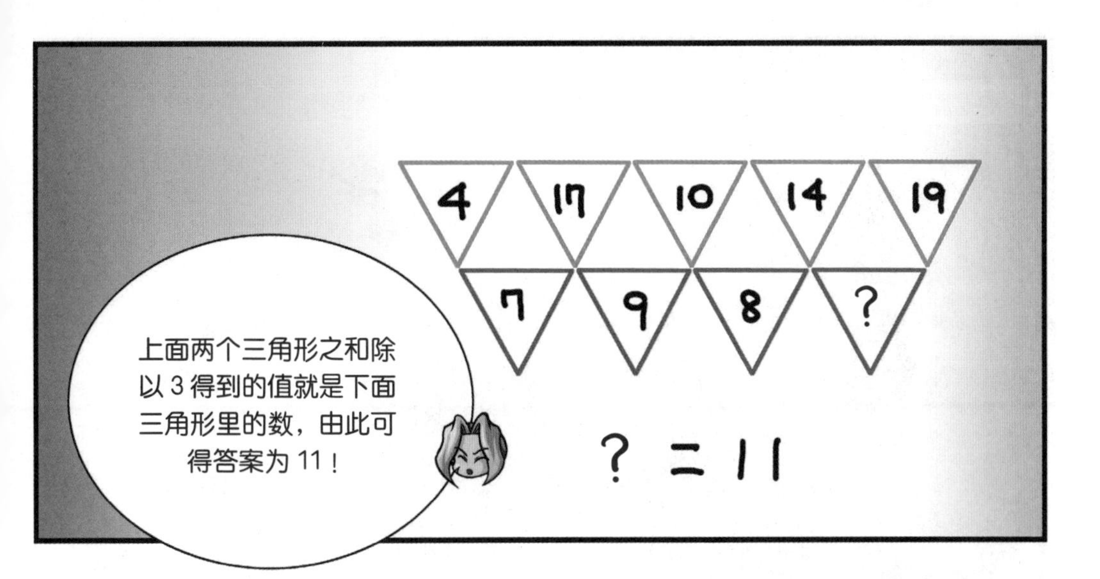
4
17
10
14
19
7
9
8
?
上面两个三角形之和除以 3 得到的值就是下面三角形里的数，由此可得答案为 11！
? = 11

可是，我现在这是在干吗？竟然在帮一个小偷做数学题……
哎哟

大步
大步

我就在这儿守着，他总会出现吧。
嗖

*驻地：指军队驻扎停留一段时间的地方。

嗒
嗒
嘎吱
嘎吱

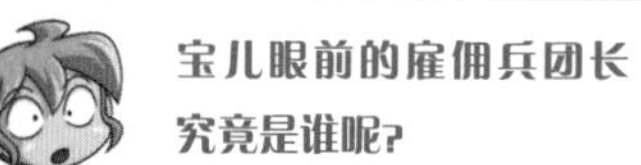
宝儿眼前的雇佣兵团长
究竟是谁呢?

敬请期待《冒险岛数学奇遇记》第 62 册！

趣味数学题解析

181 章-1

解析 十（10）个十（10）为百（100），十（10）个百（100）为千（1000）。

181 章-2

解析 当所有学生都坐在椅子上时，就能数出空椅子的数量；相反，如有学生是站着的，那就说明椅子不够学生们坐。这就是一一对应数数的原理。

181 章-3

解析 答案为恒河沙。恒河是印度的母亲河，沙就是沙子的意思。

181 章-4

解析 自然数的四大作用分别是计数、测量、排序和标号。

182 章-1

解析 表达某种事物的数量时，会在这些事物的数目后面附上特定的“量词”。

182 章-2

解析 现在我们所使用的记数法叫作“十进位值制记数法”，简称“十进制”。因为人类有十根手指，所以才会使用这种进制方法。时间或刻度单位所使用的是六十进制。

182 章-3

解析 正确的表达应该是“十五支铅笔”，在表达物品的数量时，使用正确的单位很重要。

182 章-4

解析 我们现今所使用的数字 0、1、2、……、9 是古印度人发明的，后由阿拉伯商人传入欧洲。因此，欧洲人误以为这些数字是阿拉伯人发明的，就叫它阿拉伯数字。

第 183 章 -1

解析 无法再细分的事物个数用自然数表示。可以再细分的事物属性可以用分数或小数来表示。例如，人数只能用自然数来表达，但是人的体重则可以用小数 43.7 kg 或是 $\frac{437}{10}$ kg 来表达。

第 183 章 -2

解析 选项③指的是分量，其余的选项指的是个数。如果数词能使用小数、分数且有意义的话，就属于分量；反之，则是个数。

第 183 章 -3

解析 正确搭配应该为“长度：长、短”“距离：远、近”。

第 183 章 -4

解析 小学课程的计量领域当中，主要学习的是单位换算，以及如何计量事物的数量、长度、面积、体积的大小，与时间、温度、角度、速度等。

第 184 章 -1

解析 从 1 到 10 都拥有属于自己的汉字名称，接下来就是百、千、万、亿、兆等大数数级。按照一定规则给数字命名的方法被称为“命数法”，通常在读数字时使用。

第 184 章 -2

解析 由于数字 3 位于万位上，万位的 1 代表 10000，所以数字 3 表示的数值为 30000。

第 184 章 -3

解析 593014567 按三位数一隔断的话就为 593,014,567，这种形式被称为标准式。

第 184 章 -4

解析 从个位开始每四位一隔断，在数字后面加上个、万、亿、兆、京，就能非常快速地读出啦。

第 185 章 -1

解析 如果两个事物的数量能相加的话，那么这两个事物要么一样，要么同属于一个种类。

185 章-2

解析 在第一个等号和第三个等号各使用了 1 次“加法结合律”，共使用了 2 次。

185 章-3

解析 在“45+3=48”这个加法算式当中，45 为加数，3 为加数，48 为和。

185 章-4

解析 只写了“交换律”是不能算对的，必须写“加法交换律”才算正确。注意，这里一定要写明是什么运算。

186 章-1

解析 576 与 7 这两个数之间的减法运算指的是减去数值，所以答案应该为 576–7=569。千万不能直接把 576 这个数里的 7 拿掉，认为剩下的 56 就是答案哦。

186 章-2

解析 由于加法与减法互为逆运算，所以通过选项⑤可以验证 93–47=46 是正确的。

186 章-3

解析 在“12–7=5”这个减法算式当中，12 是被减数，7 为减数，5 为差。

186 章-4

解析 根据十进制的原理，加法运算中会出现“进位”，减法运算中会出现“退位”。